ADVANCED TECHNOLOGIES OF
DIGITAL WATER AND FERTILIZER MANAGEMENT AND
ESTABLISHMENT OF BEST SOIL SOLUTION DECISION MODEL

数字水肥管理技术前沿
与最佳土壤溶液决策模型创建

陈保青　董雯怡　唐玉倩　等　著

中国农业科学技术出版社

图书在版编目（CIP）数据

数字水肥管理技术前沿与最佳土壤溶液决策模型创建 /
陈保青等著 . -- 北京：中国农业科学技术出版社，
2024.11. -- ISBN 978-7-5116-7079-3

Ⅰ . S365

中国国家版本馆CIP数据核字第 202436216C 号

责任编辑　金　迪
责任校对　李向荣
责任印制　姜义伟　　王思文

出 版 者　中国农业科学技术出版社
　　　　　北京市中关村南大街 12 号　　邮编：100081
电　　话　（010）82106625（编辑室）　　（010）82106624（发行部）
　　　　　（010）82109709（读者服务部）
网　　址　https:// castp.caas.cn
经 销 者　各地新华书店
印 刷 者　北京建宏印刷有限公司
开　　本　185 mm×260 mm　1/16
印　　张　6.75
字　　数　160 千字
版　　次　2024 年 11 月第 1 版　　2024 年 11 月第 1 次印刷
定　　价　78.00 元

《数字水肥管理技术前沿与最佳土壤溶液决策模型创建》

著者名单

主　　著：陈保青　董雯怡　唐玉倩

副 主 著：王海涛　崔文志　吕成哲　王　凯　刘　晓　韩明明

参著人员：陈保青　董雯怡　唐玉倩　王海涛　崔文志　王　凯
　　　　　　吕成哲　刘　晓　韩明明　李　芳　滑　璐

前　言

　　随着全球人口的增长、气候变化的挑战和农业从业人口的减少，农业生产面临着前所未有的压力。为了满足日益增长的食物需求，同时保护和可持续利用自然资源，农业领域必须寻求创新和高效的生产方式。数字水肥管理技术作为现代农业的重要组成部分，它通过精准的水分和养分管理，不仅能够提高作物产量和品质，还能有效节约资源，减少对环境的影响，是实现农业可持续发展的关键技术之一。

　　本书旨在为农业科研工作者、农业技术推广人员、农场管理者以及对现代农业技术感兴趣的读者提供一个全面的技术参考和实践指南。书中涵盖了数字水肥管理的定义、技术体系、前沿技术，以及国内外在数字水肥决策方法上的研究成果。特别地，本书提出了"最佳土壤溶液决策模型"（Best Soil Solution Decision Model，BSSDM）这一创新模型，它通过监测和调控土壤溶液中的水势、养分含量、电导率和pH值，为作物提供最佳的生长环境，从而实现水肥资源的高效利用。

　　本书出版得到了中国农业科学院农业环境与可持续发展研究所、中国农业科学院北方农牧业技术创新中心、中国农业科学院数字农业农村研究院（淄博）/淄博数字农业农村研究院、中国地质大学（武汉）等研究单位的大力支持，在"精准水肥管理与高标准农田建设示范"项目（BFGJ2022005）、"精准水肥施用装备与数字农田托管服务系统创制"项目、国家自然科学基金（42471053、31901477）等项目的支持下，完成了本书的编写工作。

本书的第1章概述了数字水肥管理在农业绿色发展和少人、无人农业发展中的重要性。第2章详细介绍了数字水肥管理的定义和技术体系，以及前沿技术的应用状况。第3章对国内外的数字水肥决策方法进行了介绍。第4章重点介绍了最佳土壤溶液决策模型的创建和应用。第5章探讨了最佳土壤溶液管理的信息化实现方案。

我们希望本书能够为读者提供深入的洞见和实用的工具，以促进数字水肥管理技术的发展和应用。同时，我们也期待读者的反馈和建议，以便不断改进和更新书中的内容，以适应农业科技的快速发展。

最后，感谢所有参与本书编写的研究人员，他们的专业知识和辛勤工作使本书的完成成为可能。也希望本书能够激发更多的创新思维和实践探索，为全球农业的可持续发展作出贡献。

鉴于作者水平有限，书中疏漏之处在所难免，敬请读者提出宝贵意见。

陈保青

2024年10月1日

目　录

第1章

概述：数字水肥管理—农业低碳绿色发展是少人、无人农业发展的必然选择

>> >>

　　当前，全球农业发展正在面临两个巨大挑战，一个挑战是如何在保障农产品产量能够满足当前人口和未来人口增长需求的情况下协调农业生产与生态环境之间的关系；另一个挑战是在农业从业人口逐渐减少的情况下，如何保障农产品的生产供应能力。

　　20世纪60年代开始，席卷全球的第一次绿色革命，以植物常规育种和杂交育种，以及与高产品种配套的灌溉技术、化肥和杀虫剂为主要技术依托，实现了全球粮食产量的大幅提升（Evenson和Gollin，2003；Pingali，2012）。据联合国粮食及农业组织（FAO）统计，从1960年到1990年，世界谷物产量从8.47亿t增加到17.80亿t，年均增长3%，人均粮食增加了27%，极大程度解决了全球人口和粮食供求矛盾所引起的饥饿问题，对人类社会的发展起到了重大的推动作用。然而第一次绿色革命走的"高投入、高产出和高资源环境代价"道路引起了自然资源的过度消耗和生态环境的持续恶化。在我国，当前农业灌溉对水资源的过量开采和低效利用，造成了地下水和地表水资源进一步紧缺，并在华北地区形成世界上最大的地下漏斗，成为总水足迹最大的国家（Hoekstra等，2012）。与此同时，大量不合理的化肥、农药、抗生素使用，以及规模化畜禽养殖引发了严重的面源污染，显现出全国土壤显著酸化、水体农药和硝酸盐含量超标、大气活性氮含量提升和农业源温室气体排放量居高不下等问题（Guo等，2010；Akyuz等，2014；Grung等，2015；Chen等，2014）。

　　经过半个世纪的发展，有机农业的弊端也逐渐显露出来。据报道，全球有机农业的

作物产量比常规农业低3%~34%，但全球人口在2050年预计增长1/3，食物需求预计增长70%，有机农业推广面积越大，其占用土地面积越大，利用剩余土地满足未来人类食物需求的难度也就越大（Seufert等，2012）。尽管有机农业的发展已经经历了近半个世纪，有机农地占比仅为1.5%，在最先推广的欧洲其占比也仅为3.1%，在短时间内有机农业难以取代化石农业，而在占比如此小的前提下，其对生态环境所起到的改善作用也是极为有限的。

在上述背景下，以提高资源利用效率为核心的可持续农业发展理论在全球被提出和传播，在FAO向罗马粮食会议提交的题为"绿色革命的经验教训，迈向新的绿色革命"的文件中指出：第二次绿色革命应重新肯定良种、灌溉、化肥、农药对持续发展农业与粮食安全的重大作用，特别与众不同的是强调化肥、灌溉是今后可持续发展的基础，农药不能否定，但要减少使用量，提倡综合防治。学术界则先后提出了"集约化可持续农业""Evergreen Revolution""生态集约化"等发展思路（Matson等，1997；Swaminathan，2000；Tilman等，2002；Tilman等，2011；Pingali，2012）。数字水肥管理作为以最优化水肥供应为目标的技术，有望在全球第二次绿色革命中通过提高农业生产水资源和肥料利用效率，协调农业生产与生态环境之间关系。

此外，从全球农业从业人口比例来看，其与农业产值占国内生产总值之间存在显著性关系，即随着一个国家经济水平的不断提高，任何一个国家的农业从业人口比例都会随着农业产值占国内生产总值比例的下降而下降，出现农业从业人口锐减的现象。就我国而言，近半个世纪，我国的农业从业人口比例从1970年的81%降低至2020年的24%，当前我国农村青壮年劳动力大量外出务工，在老龄化、兼业化趋势下普遍存在劳动力成本高和劳动力不足的问题，而且在未来30年内，将继续降低20%，在2050年降低至4%（黄季焜等，2022）。农业从业人口比例的减少对生产方式变革提出了明确的需求。

在农业绿色发展转型和生产方式变革下，大力发展数字水肥管理是协调农业生产与生态环境改善的关系，以及应对农业从业人口锐减的必然选择。数字水肥管理是利用信息化手段对灌溉和施肥等过程进行精准管控，实现对作物所必需的17种元素碳（C）、氧（O）、氢（H）、氮（N）、磷（P）、钾（K）、钙（Ca）、镁（Mg）、硫（S）、铁（Fe）、锰（Mn）、铜（Cu）、锌（Zn）、硼（B）、钼（Mo）、氯（Cl）和镍（Ni）进行精准的、自动化的投入管理，其不仅能够最大程度地实现物质供应与作物需求相匹配，减少农业场景所投入物质向自然环境中的逸散，同时由于采取自动化管理手段，因此可同步减少农业生产对劳动力的需求，适应农业少人化、无人化生产的总体趋势。在农业种植耕、种、收、水、肥、药六大环节中，水肥管理是当前种植业生产中的人工和物化成本投入最高的环节，同时是农业生产与环境之间矛盾、农产品产量与质量之间矛盾的主要来源，通过数字化技术实现水肥管理的精准化、自动化是农业发展的必然趋势。

然而，数字水肥管理作为一项新兴技术，其在全球范围内的发展中仍面临许多理论问题和应用技术障碍。数字水肥管理的决策模型是驱动整个数字水肥管理的"中枢大脑"，在过去的发展过程中，虽然相关研究建立了大量用于水肥模拟的机理模型，但在应用于生产时仍面临着输入参数多、获取成本高及普适性差等问题。如何降低数字水肥管理决策模型参数依赖性、提高决策模型的普适性是数字水肥管理中面临的重要问题。本书的第2章"数字水肥管理的定义与前沿技术体系"主要提出了数字水肥管理的定义，并且对数字水肥管理定义下的数字水肥管理前沿技术进行了归纳总结，水肥决策是数字水肥管理的"中枢大脑"，本书的第3章"国内外数字水肥决策方法介绍"主要对静态水肥决策和动态水肥决策方法进行介绍，本书的第4章"最佳土壤溶液决策模型创建与应用"提出构建"最佳土壤溶液"决策模型（Best Soil Solution Decision Model，BSSDM）及应用方法，并且于第5章"最佳土壤溶液决策管理的信息化实现"提出如何通过信息化技术手段利用最佳土壤溶液决策模型进行数字水肥管理。希望以此推动数字水肥管理在生产中的应用，为农业绿色发展转型与农业从业人口减少趋势下的农产品供应保障提供技术支撑。

第2章

数字水肥管理的定义与前沿技术体系

数字水肥管理作为一项支撑农业绿色发展转型与少人化、无人化农业发展的重要技术，对于农业生产的意义重大，但是同时作为一项处于初始发展阶段的新兴技术，其定义尚不明确，技术体系尚未进行过系统总结。为此，本章主要提出数字水肥管理的定义，并对数字水肥管理前沿技术体系进行归纳和总结。

2.1 数字水肥管理的定义和技术体系

任何作物的生长发育都需要吸收一些元素来完成作物的生命周期，在1975年之前，人们普遍认为植物需要16种必需元素来完成生命周期，自1975年首次发现镍是脲酶的组成成分以来，镍（Ni）这一元素开始也被认为可能是作物的必需元素（张西科和张福锁，1996），包括镍在内，总共有17种元素即碳（C）、氧（O）、氢（H）、氮（N）、磷（P）、钾（K）、钙（Ca）、镁（Mg）、硫（S）（S）、铁（Fe）、锰（Mn）、铜（Cu）、锌（Zn）、硼（B）、钼（Mo）、氯（Cl）和镍（Ni）被认为是作物必需元素。植物必需元素的判断是建立在李比希（Justus von Liebig）的植物矿质营养学说、归还律学说和最小养分定律三大学说以及1939年阿诺（Arnon）和斯吐特（Stout）提出的植物必需元素判断标准之上的。植物必需元素的判别依据通常以下述标准进行：第一，如果缺少某种营养元素，植物就不能完成其生活周期；第二，如果缺少某种营养元素，植物呈现专一的缺素症，其他营养元素不能代替它的功能，只有补充这种元素后症状才能减轻或消失；第三，在植物营养上直接参与植物代谢作用，并非由于它改善了植物生活条件所产生的间接作用。在最近的研究中，笔者团队提出了"非常规营养逆境必需假说"（unconventional nutrition is necessity under stress），对李比希的三大学说和植物必需元素进行了必要补充（陈保青等，2024）。"非常规营养逆境必需假说"认为矿质营养物质和必需元素可以满足作物在正常生境下的植物生活周期需求，但在逆境条件下，需要补充额外的元素或物质，非植物必需元素和非矿质营养在逆境条件下具备植物必需元素和矿质营养所无法替代的作用，对于植物在逆境下维持正常生理过程是必需的，其可以在不改变逆境因子的前提下使得植物具备在逆境中正常生长的能力。由于非矿质营养物质和非必需元素都属于在常规植物营养学中未曾或很少考虑的物质，笔者团队将其定义为非常规营养。这一必需有两层含义：一是在逆境条件下，植物必需通过摄入非常规营养来抵抗逆境胁迫，如果没有这种来自非常规营养的抵抗能力，植物必然受到胁迫因素的侵害；二是随着胁迫程度的提高，植物对非常规营养的需求会增加，在某一个临界点，植物对非常规营养的需求会转变为必需，如果没有非常规营养，植物无法完成正常的生命周期。由此，数字水肥管理的目标应不仅包括对17种作物必需元素的管理，还应包括对非常规营养的管理。对于碳元素，作物所吸收的碳元素大部分是来自CO_2的吸收，后来研究人员逐渐发现作物可以直接吸收一些小分子的有机物（Näsholm等，2009），对于氢元素和氧元素，作物大部分是通过吸收水而进行固定。除碳、氧和氢以外，其他的必需元素和非常规营养大多由作物通过土壤和肥料进行吸收。

基于上述分析，本书将数字水肥管理定义如下：数字水肥管理是利用计算机、通信、自动控制、传感器等现代信息技术手段对作物17种必需元素和非常规营养的供应方法进行优化，以实现水肥利用效率和作物生产力的最大化，并降低水肥管理环节的劳动力要素投入和水肥管理环境成本。

从上述的定义不难看出，数字水肥管理包含的范围十分广阔，狭义的数字水肥管理指的是农业生产场景中的水肥要素管理，而广义的数字水肥管理，不单单包括水肥农业生产场景中的应用，而且包括水肥要素生产和运输、流通环节的数字化，在水资源调度、灌区管理、再生水生产、海水淡化、肥料生产、肥料运输和配肥站等场景中数字化技术也被大量应用，在这些环节应用数字化技术往往可以降低生产和流通环节的能耗，并降低人工成本与温室气体排放。

就狭义的数字水肥管理，即农业生产场景中的水肥要素管理而言，数字水肥管理的技术体系总体上包括两部分：一是输入端管理技术，二是输出端管理技术。其中输入端管理技术主要对不同形态的水肥输入进行管理，根据管理的对象和应用场景，目前相关研究中创建的技术可以被归纳为数字气体肥料施用、无人机航化施肥、数字水肥一体和气候—土壤智慧施肥四项技术类型（图2-1），而输出端管理技术较为少见，目前相关研究主要提出了气体水肥回收的技术。当前随着数字化技术的不断发展，各种新型的技术类型在不断的创造中，而部分数字水肥管理技术，如数字水肥一体、无人机航化喷施等技术，已经进入生产应用阶段。

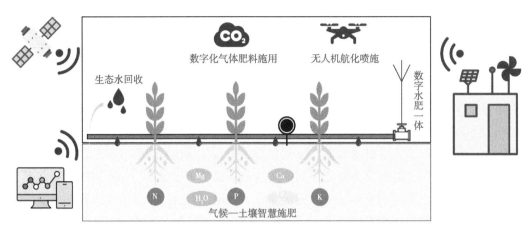

图2-1　数字水肥管理技术体系全景

2.2　数字水肥管理技术原理和研发应用状况

在当前狭义的数字水肥管理技术体系中，数字气体肥料施用、数字水肥一体、无人机航化喷施和气候—土壤智慧施肥这四种类型的技术都属于投入端管理，而气态水肥回收属于输出端管理，当前数字水肥气体、无人机航化喷施这两项技术已经在生产中进行大规模推广，设施内的气体肥料技术和基于土壤的智慧施肥已经基本成熟，而大田气体肥料施用、基于气候—土壤的二元智慧施肥和气态水肥回收技术仍处于技术雏形阶段。当前阶段数字水肥管理技术体系的各类技术原理和技术成熟度情况详见表2-1。

表2-1　数字水肥管理技术体系、技术原理与技术成熟度

技术名称	应用场景	技术原理	技术成熟度与应用情况
数字气体肥料施用	气体肥料施用	通过对CO_2浓度进行监测或预测，当监测或预测数值低于作物CO_2饱和点时，通过释放CO_2进行气体肥料施用，通过增加CO_2供应，增强光合作用，提高产量，同时缩小气孔导度，减少耗水	设施农业中已经实现并应用；露天栽培已经有技术原型，但尚未开展推广应用
数字水肥一体	灌溉、常规肥料施用	通过对土壤水分和作物长势进行监测或预测，当监测或预测土壤水分低于作物生长水分适宜区间时，进行灌溉补充水分，并通过预测未来阶段作物生长所需养分情况，进行养分补充	技术整体已经进入试点推广应用，大规模推广应用仍面临应用成本和决策准确度问题

技术名称	应用场景	技术原理	技术成熟度与应用情况
无人机航化喷施	功能性肥料施用	借助无人机单独进行，与植保措施一起进行抗逆性肥料或其他功能性肥料、微量元素等具有"少量高效"作用的肥料施用	技术整体已经进入大规模推广应用，相应喷施制剂和作业规程仍有较大优化空间
气候—土壤智慧施肥	固体肥料施用	采用测土配方单独决策或者采用"气候预测+测土配方"双重决策方法，在不具备灌溉条件的场景中（如旱作农业），通过对未来阶段作物生长所需养分情况预测和土壤供应养分状况进行肥料施用	测土配方单独决策已经进入大规模应用，"气候预测+测土配方"双重决策方法已经具有技术原型，但气候预测准确度仍有较大提升空间
气态水肥回收	气态损失水肥回收	通过监测密闭栽培环境中的温湿度状况，在能耗效能最高的温湿度条件利用纳米材料、土气温差等技术途径，对密闭栽培环境中的气态蒸散水、挥发氨等气态水肥进行回收，实现密闭环境水肥的闭态循环	已经具有技术原型，尚未开展技术推广应用

2.3 数字气体肥料施用

在作物所需要的17种必需元素中，碳元素的最主要来源是空气中的二氧化碳（CO_2），其作为光合反应的底物参与作物光合，空气中CO_2的浓度与光合速率之间具有显著的相关关系。富碳栽培指的是在CO_2浓度较高的环境条件下进行作物培育，大气CO_2浓度约为400 mg/L，而大部分作物生长的适宜CO_2浓度为1 000 mg/L，增加栽培环境CO_2，可显著提高光合作用强度，从而加快作物生长速度，同时提高作物自身的抗病抗逆性能，减少病虫害的发生，降低气孔导度，降低作物蒸腾耗水，因此在实际生产中，其能达到作物增产、减少农药使用和节约用水的作用。此外，通过气体肥料施用可以将环境中的CO_2固定在植物中，并通过作物残体和根系分泌物向土壤进行碳输入，增加农业生态系统的碳通量，起到固碳减排的作用。

早在1983年，美国科学家Kimball就对过去64年的70多篇报道中的430个测值进行过系统分析，该项分析指出随着大气中CO_2浓度的加倍，作物产量可能提高33%（99.9%置信区间为24%～43%），而棉花产量可能是现在的两倍多（Kimball等，1983）。2015年，中国农业科学院农业环境与可持续发展研究所相关研究团队分析了1982—2010年发表的188篇关于中国气态CO_2施肥技术的文章发现，在过去的30年里，气态CO_2肥料使代表性果蔬（即黄瓜、番茄、辣椒、西葫芦、茄子和草莓）的产量提高了33.31%（Ma et al.，2015）。此后，相关研究也证实了CO_2气体肥料可取得接近30%的增产效果（汪海霞等，2017；贾昭炎等，2021；张俊清和丁宏斌，2017）。

数字化应用于CO_2气体肥料施用主要有两种方式：一是对原本就可以施用CO_2的温

室、拱棚进行施用时间与施用量的优化，提高CO_2气体肥料的利用效率，二是利用相关的数字化装备实现对露天栽培进行CO_2施用。而后者对于推动CO_2在农业中的应用更具有革命性意义。在该方面，本书作者设计了一种基于物联网的露地低成本富碳密闭栽培装置（专利号：ZL 202011208962.8）。该装置的原理示意如图2-2所示，该装置在获取风速和降雨等气象要素信息的基础上，在风速和降雨超过密闭膜体承载负荷的条件下，或预测温度超过作物适宜温度上限时，能够自动收起塑料薄膜，而在风速和降雨不超过密闭膜体承载负荷的条件下，温度不超过作物适宜温度上限时，自动闭合膜体，并进行CO_2释放，不须使用高强度骨架结构，大幅降低富碳栽培的密闭栽培设施建造成本，同时通过CO_2浓度传感器来实现CO_2释放的精准控制，使得富碳栽培以较低的成本应用于露地大田栽培。

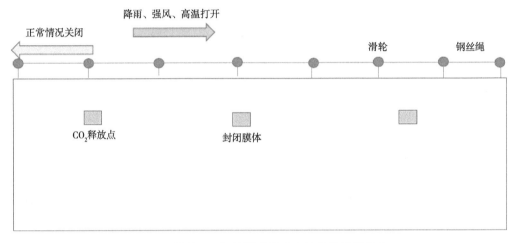

图2-2　露地CO_2气体肥料低成本施用装置示意图

2.4　数字水肥一体

在土壤—植物—大气连续体（SPAC）体系中，土壤水分承担着将土壤中的养分运输到叶片进行光合作用的重要作用。对于作物而言，土壤中的水分存在着一个最适宜的区间范围，低于该范围或高于该范围时作物对水分的吸收将受到抑制。作物对水分和养分的吸收大体是同步的，从养分管理的角度往往希望可以利用等量的水分运输更多的养分供给作物，但水分中的养分浓度不可能无限大，这是由于作物生长受到其他因素的限制——土壤溶液的电导率（EC值）和土壤溶液的酸碱度（pH值），超过相关阈值的土壤溶液会使作物面临盐胁迫和酸碱胁迫。因此，一个理想状态的土壤溶液状态可以表达如下：

$$SW_{opt-low} < SW < SW_{opt-high}$$

$$EC_{opt-low} < EC < EC_{opt-high}$$

$$pH_{opt-low} < pH < pH_{opt-high}$$

$$Ratio_{elem-sw} \approx Ratio_{elem-crop}$$

其中，SW为土壤水分含量，EC为土壤溶液电导率，opt-high和opt-low表示最适宜范围的上限和下限，$Ratio_{elem-sw}$和$Ratio_{elem-crop}$表示土壤溶液和作物中的元素比例。理想状态的土壤溶液应该是土壤水分和电导率处于最优范围的上限与下限之间，而土壤溶液中的元素比例与作物需求的元素比例大体相同。数字水肥管理的目的就是获取这些信息，并通过数字化手段将这些要素调整至最佳范围。数字水肥管理能起到节水、节肥和增产的主要原理是其通过高频的水肥管理最大程度地维持土壤溶液处于最优状态，最大程度地降低作物生长面临的水分和养分胁迫，并同时保障水分和养分供应与作物需求相匹配，不过度供应（图2-3）。

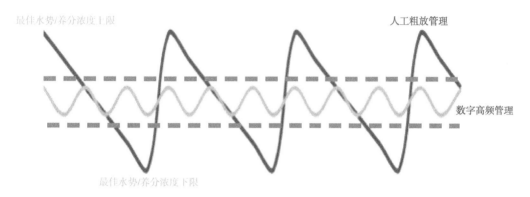

图2-3　人工粗放管理与数字水肥一体高频管理下的水分、养分波动示意图

在数字水肥一体管理中，土壤水分、土壤溶液电导率、土壤溶液的元素组成通常随着气象、作物生长、田间管理措施而处于不断的波动中，因此需要持续地对这些指标进行监测或预测，以计算出水肥的投入量。在这些指标中，土壤水分和电导率属于较易被测量的指标，相应的传感器已经较为成熟且应用成本较低，但目前对于土壤溶液的元素组成尚未有较为成熟的探测方法，是数字水肥一体技术实施中面临的难点问题之一。在一些特殊土壤中，如在以色列的内盖夫沙漠地区进行管理往往比其他地方更容易，因为在这些土壤中几乎不存在土壤有机质矿化、离子的吸附—解析等复杂的生化反应，投入的养分几乎只有作物吸收、损失和残余几种状态，可以非常简便地计算出养分收支，但对于大多数土壤往往需要借助复杂的土壤模型进行计算才能粗略地计算出土壤溶液中的养分状况。

围绕维持理想土壤溶液的调控目标，水肥一体化决策主要包括以下基本步骤：①通过土壤水分传感器或利用模型预测方法获取土壤体积含水量信息，并将土壤体积含水量转化为土壤水势，根据作物适宜水势数据库并根据气象数据计算潜在蒸散，判断土壤水势是否处于最适水分下限，如果不是则不需要进行灌溉，如果是，则需要根据未来天气预测和当前含水量计算目标根层至最适水分上限所需灌溉量；②与此同时，根据EC传感器，获取土壤溶液和灌溉水EC值，并根据作物适宜EC数据库，计算得到可施入肥料的最大EC值，根据作物元素需求数据库、土壤溶液测量或预测数据计算得到各元素补充比例，同时根据可施入肥料EC值计算施入量；③在计算得到灌溉量、施肥量和施肥比例后，形成完整的水肥一体决策方案，发送给执行机构进行执行（图2-4）。

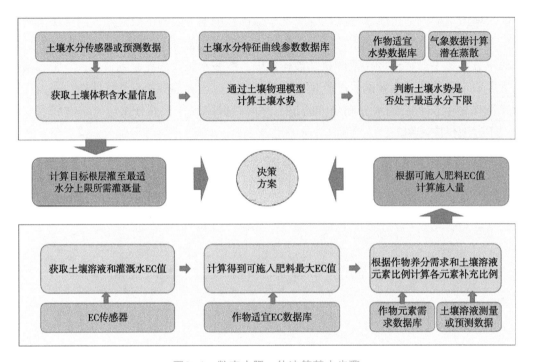

图2-4　数字水肥一体决策基本步骤

2.5　气候—土壤智慧施肥

　　数字水肥一体主要适用于具备灌溉条件的农田，而气候—土壤智慧施肥在数字水肥管理体系中主要面向不具备灌溉条件的旱作农田。在旱作农田中，通常不具备随水施肥的相关条件，所以即使在现代施肥技术体系下，旱作农田中的肥料施用大多还是以固体形式通过基肥和追肥方式施入。降水年际变化大、作物产量随降水量年际变化大是我国旱作农田的普遍特点，并且随着全球气候变化加剧，这一特点在旱作农田中日趋明显。

　　气候—土壤智慧施肥是对测土配方施肥的升级技术，其首先是基于土壤特性和种植作物进行肥料配方的确定，其次是在测土配方基础上根据气象预测情况对肥料施用方法进行优化。测土配方施肥在之前的研究中，原中国农业科学院土壤肥料研究所（现中国农业科学院农业资源与农业区划研究所）已经进行了系统的方法学构建（金继运等，2006），在此不再进行赘述。针对旱作农田的特点，本书作者在传统测土施肥的基础上，提出了"气候—土壤智慧施肥"的基本原理和技术路线（图2-5，ZL

202410551557.8），其主要通过以下步骤完成：①施用基肥前或追肥前对未来气象气候信息进行预测；②根据作物模型预测出未来作物生物量及相应的养分需求，并同时根据土壤模型预测出土壤养分供应情况；③通过作物需求和养分供应预测数据，计算得到肥料供应量；④根据作物模型预测未来逆境胁迫程度，并决定是否补充抗逆物质；⑤综合常规肥料计算结果和抗逆物质预测结果形成施肥方案。

目前，该项技术的实施主要卡点在未来气象气候预测信息的准确性上。目前15 d以内气象预测准确度已经较高，但对于基肥和追肥往往需要60 d以上或者更长时间的气候预测数据。动力气候模式是当前国家气候预测主要的预测方法，目前国内外已经发展了美国国家环境预报中心NCEP-CFS模式、欧洲中期天气预报中心ECMWF模式、日本气象厅JMA模式、中国气象局BCC-CSM模式、中国科学院大气物理研究所FGOALS模式等不同的气候预测模式，随着人工智能技术的发展，在动力气候模式预测方法基础上，已经发展起了基于AI的气候预测模型，如上海科学智能研究院、复旦大学、中国气象局国家气候中心联合研发了伏羲次季节气候预测大模型，并首次超越传统数值预报模式的标杆欧洲中期天气预报中心（ECMWF）的S2S模式。在我国的《气象高质量发展纲要（2022—2035年）》中明确提出了关于发展次季节气候预测技术的相关要求，相信在不久的将来，在政府支持和人工智能技术发展下，次季节—季节气候预测技术将不断完善，气候—土壤智慧施肥的应用效果将不断提升。

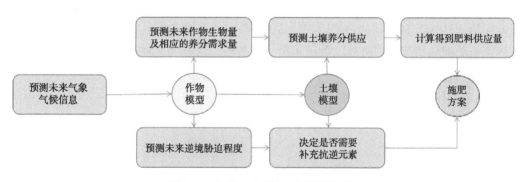

图2-5　气候—土壤智慧施肥原理图

2.6　无人机航化施肥

随着我国经济和科技的高速发展，我国农用无人机推广和普及的速度也在快速提升，农用无人机保有量不断增加，无人机作业的高效率、低成本使得利用无人机进行施肥成为一种全新的施肥方式，并且该项技术不但适用于灌溉农业、旱作农业，也同样适用于丘陵果园、茶园等场景，具有适应范围广的特点（图2-6）。

图2-6　无人机航化作业叶面喷施

在整个施肥体系中，大中量元素一般通过液体水肥一体或固体基施、追施等方式进行施用，而无人机作业最适合进行微量元素和功能性肥料的施用，这类肥料通常具有"少量高效"的作用，在施入土壤中时可能会面临分解、流失等问题，而通过无人机进行叶面喷施往往具有更好的施用效果。表2-2给出了当前已经在实际生产中应用的无人机航化施肥类型及其作用机理，微量元素、氨基酸、乙酸、黄腐酸、硅肥、磷酸二氢钾等具有抗逆作用的肥料类型是当前主要无人机航化施肥的施肥对象。

表2-2　无人机航化施肥类型与作用机理

类型	作用机理
微量元素	补充土壤微量元素供应不足，缓解养分亏缺
氨基酸	作为螯合剂将微量元素带入作物体内，同时通过提供蛋白酶合成前体物，节省体内氨基酸合成对ATP消耗，增加碳水化合物积累
乙酸	促进植物激素茉莉酸的合成，通过茉莉酸提高植物抗性
黄腐酸	含有大量羟基，促进多糖酶、糖转化酶、淀粉磷酸化酶等酶活性，加速糖分、淀粉、蛋白等合成，抑制病毒，减少气孔导度，提高抗逆性
硅肥	使植物细胞形成角质—硅质双层结构，加厚细胞壁，提高细胞抗渗透压能力，减小茎叶夹角，提高群体光合效率，提高根系穿透能力
磷酸二氢钾	增加植株组织含水率，降低叶片蒸腾强度，提高植株保水能力，从而抵抗干热风的危害，防止植株青枯早衰

在2022—2024年，本书作者曾采用无人机作业于小麦返青期进行碱性硅肥结合生长素喷施、拔节期进行碱性硅肥单独喷施、开花期进行可复配型硅肥与一喷三防药剂联合喷施小麦抗逆性提升的试验研究，据35处试验测产结果统计，喷施硅肥的小麦亩穗数、穗粒数及千粒重都有不同程度的提高，增产效果显著，各示范点增产幅度为5.1%～26.6%，平均增产14.1%，产量显著增加的地块占比97.1%，均未发现减产现象（图2-7）。在未来研究中，进一步挖掘对作物抗逆性和产量提升有促进效果的元素和物质种类，并挖掘不同元素和物质、植物激素等之间的交互作用效果，同时对无人机航化施肥作业时间和施用肥料配比进行进一步优化提升，是该技术的主要发展方向。

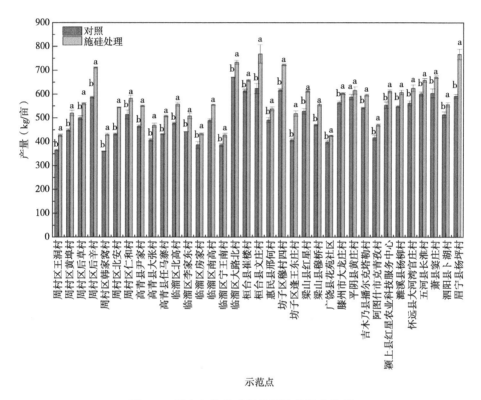

图2-7　无人机航化硅肥施用作物增产效果

2.7　气态水肥回收

就整体的数字水肥管理技术体系而言，上文中所提到的管理技术都属于输入端管理技术，而气态水肥回收是一项以输出端调控为目的的水肥管理技术。作物所吸收水分只有1%左右用于自身光合物质生产，99%的水分通过蒸腾以气态形式损失，与此同时，氨挥发等形式的肥料气态损失在施肥中也占有相当大的比例，如果能开发相应技术实现对这部分水分加以回收利用，并同步进行气态损失肥料的回收，那就能在极少量水分消耗的情况下进行农业生产，并进一步提高肥料利用效率。气态水肥回收主要应用的场景是淡水资源极度紧缺的地区，如戈壁、荒漠、海岛、盐碱地等，并且需要密闭的实施条件。

气态水肥回收主要依据的原理有四种：①利用温差驱动气态水向液态水转化，实现蒸散水的回收，例如利用空气压缩机、半导体制冷或利用天然的空气与土壤温差，在温差驱动下使得水分子发生从气态到液态的转变，从而实现对液态部分的回收；②利用高压静电驱动，该方法主要通过高压静电电离空气，产生大量自由电子为水分子荷电，荷电水分子在静电场作用下定向移动，再利用高分子纤维膜对水分子的选择透过作用将水分子与其他易荷电的负电性分子分离，从而实现除湿的目的；③利用干燥剂吸水特性驱动气态水被吸附转化为液态，例如硅胶、沸石和金属有机骨架化合物等；④利用仿生材料进行气态水分子收集，使得气态水分子由气态变为液态，定向移动形成水滴。四种技术路径的代表性技术各有其优势和缺陷，其中空气压缩、半导体制冷和高压静电驱动的集水系统具有集水效率高、运行稳定的特点，但其消耗大量电力，运行成本较高，当前只在家居和工业场景中使用；利用干燥剂进行集水虽不需要额外的能源消耗，但干燥剂本身消耗量大，且基本无法对干燥剂进行回收，当前该种措施多用于家居和食品保鲜领域；而利用空气与土壤温差和仿生材料具有不需要制冷过程的能源消耗，也不需要对集水物质进行回收，但其集水效率过低，只有1%～10%，其过低的集水效率限制了其在农业领域中的应用。

面对该问题，本书作者提出了一种利用自然温差和仿生材料在农业领域实现蒸散水循环利用的方案（ZL 202111249807.5），在该方案中主要通过以下步骤完成气态水及可溶于水的气态养分回收：①对栽培环境温湿度进行监测；②达到收集理想阈值时开启气泵，将栽培设施内的气体抽到吸湿增长腔内；③气态水以吸湿增长腔喷射的肥料盐离子为凝结核不断聚集增长；④将完成粒径增长后的气态水抽至置于地下的热交换管和涂有仿生涂层的金属网上；⑤小液滴在土气温差和仿生涂层亲疏水作用下形成大液滴，完成液化过程。该方案巧妙地利用了农业生产中常用的肥料盐离子为凝结核，以及农业生产中普遍存在的土—气温差为驱动力，可完成低能耗的气态水液化过程。

在当前的数字水肥管理的五项前沿技术中，数字水肥—体、无人机航化施肥已经在生产实践中得到了应用推广，并且表现出了良好的增产、省工效果，大田露地栽培的CO_2气体肥料施用技术、气态水肥回收技术、气候—土壤智慧施肥技术目前尚处于技术雏形阶段。决策模型是驱动数字化管理技术闭环的关键，在上述的各项水肥管理技术中，以水分和养分的管理决策最为复杂，在之后的章节中，本书将对水分和养分的相关决策模型进行重点描述。

第3章

国内外数字水肥决策方法介绍

数字水肥决策是数字水肥管理的最为重要的环节，在整个数字水肥管理中起到根据采集到的相关信息得到管理决策的中枢性作用，在水肥决策模型的支持下，通过整合传感器数据、遥感数据和气象数据，获取农田的实时观测信息，可制定出具体的水肥管理方法并指导实际生产应用。当前国内外尚未有成熟的针对新的技术形态构建的决策模型，在数字水肥决策中，主要的决策方法包括静态与动态水肥决策，其中静态水肥决策又分为经验决策和机理模型校验之后的决策，动态水肥决策是在水肥管理的过程中通过相关指标的监测对水肥管理进行不断修正。本章将对这些水肥决策方法和相应原理进行归纳总结，为进一步水肥决策模型构建和优化提供支撑。

3.1 静态与动态水肥决策方法

就当前已有的水肥决策方法来看，总体可以划分为静态决策方法和动态决策方法（图3-1），其中静态决策方法是指在作物种植前就已经确定了水肥管理方案，在作物种植过程中并不对水肥管理计划进行变更或很少有水肥管理计划的变更，而动态决策方法是在确定的水肥管理方案基础上，对作物和土壤的水分和养分状况进行测量，在测量的基础上进行水肥管理计划的纠正。当前，虽然相关研究人员已经创建了许多动态水肥模型方法，但在实际生产中，静态水肥决策仍然是最为常用的决策方法。静态水肥决策又分为经验静态决策和模型静态决策两种类型，在粮食作物生产中，最常用的"全部磷钾肥+50%氮肥基施+50%氮肥追肥"，以及小麦种植中的"三水"或"四水"灌溉，都属于经验静态决策方法。另外，测土配方施肥其实也是一种经验静态的决策方法，虽然每隔几年会对土壤进行再次检测以校正施肥量，但在生育期中间很少会去进行监测和校正工作。

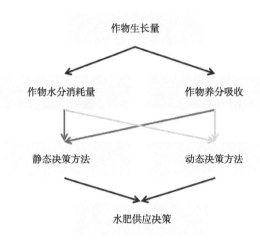

图3-1　静态与动态水肥决策

在当前的既有研究中，静态决策方法除了依据长期的管理经验进行决策，国内外也开展了基于校正后模型的静态决策方法研究，与动态决策方法相比，基于校正后模型的静态决策方法往往具有更低的实施成本，但由于其对于某一具体地块，往往需要在应用前对模型应用效果进行验证，对相应的参数进行调整，在普适性方面较差，但相比于单纯依靠经验所做的水肥决策，往往具有更好的节水、节肥和增产效果。

3.2　基于模型校正的静态决策方法

基于模型校正的静态决策方法是目前在科研领域运用的一种水肥决策的方法，其主要思路是对涉及到水分养分周转的相关机理模型进行本地化验证和参数调整，在本地化验证和参数调整的基础上开展水分和养分供应计划的编制，按照编制好的水肥管理计划进行相应管理。当前，研究较为广泛的模型包括DSSAT、VegSyst、AquaCrop、GesCoN、WOFOST、APSIM等。

水肥决策模型是数字水肥管理系统中的核心组件，旨在优化水和肥料的使用，以提高农业生产效率和可持续性。该模型基于多种数据源，包括土壤传感器、气象数据和遥感数据，通过数据分析和预测算法，实时评估作物的水分和养分需求。本节对主要水肥决策模型进行介绍与总结，涉及模型由表3-1给出。

表3-1　主要水肥决策模型

模型名称	开发方	模块组成	水肥决策应用
DSSAT	国际农业科学与技术中心	作物模块 土壤模块 气象模块 管理模块	（1）作物氮需求量分析 （2）作物灌溉需求量分析
VegSyst	西班牙科尔多瓦大学	作物干重积累 土壤水分平衡 作物养分吸收	（1）作物氮、磷、钾、钙、镁需求量分析 （2）作物灌溉需求量分析
AquaCrop	联合国粮食及农业组织	作物模块 土壤模块 气象模块 管理模块	（1）作物氮需求量分析 （2）作物灌溉需求量分析
GesCoN	意大利福贾大学	作物生长模块 水分动态平衡模块 氮动态平衡模块	（1）作物氮需求量分析 （2）作物灌溉需求量分析
WOFOST	荷兰瓦赫宁根大学	作物生长模块 土壤水分模块 作物养分模块 产量预测模块	（1）作物氮需求量分析 （2）作物灌溉需求量分析
APSIM	澳大利亚农业生产系统研究组	生物模块 环境模块 管理模块	（1）作物氮需求量分析 （2）作物灌溉需求量分析

3.2.1　基于DSSAT的水肥决策模型

　　DSSAT由国际农业科学与技术中心开发（Jones et al.，2003），于1989年首次正式发布，模型整体结构如图3-2所示，主要模块包括：①作物模型模块：基于生理学和生态学原理，模拟作物的生长、发育和产量；②土壤模型模块：模拟土壤物理和化学特性及其对作物生长的影响；③气象模型模块：处理气象数据，包括温度、降水、风速等，评估这些气象条件对作物生长和发育的影响，提供实时气候信息支持；④管理模块：用于输入农业管理实践的数据，如灌溉、施肥、播种和收割等，通过模拟不同管理策略对作物产生的影响，帮助决策。

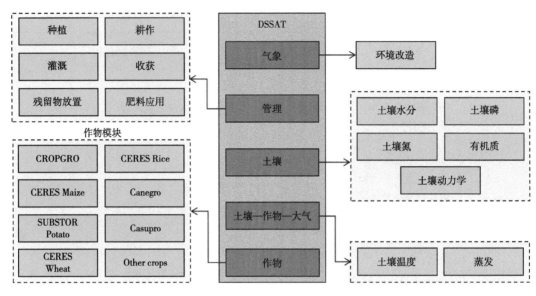

图3-2 DSSAT整体结构

基于DSSAT的水肥决策方法主要包括数据收集、模型设置、模拟迭代、产量预测、方案选择、种植监测六个关键步骤，整体流程如图3-3所示。首先，收集气象、土壤数据和作物信息，以确保数据的准确性和全面性。其次，在DSSAT中输入这些数据，选择合适的作物模型（如CERES-MAIZE）进行设置。再次，运行模型进行作物生长模拟，预测不同水肥管理方案对作物生长和产量的影响，并选择合适的水肥管理方案。最后，实施优化后的水肥管理方案，并在过程中持续监测作物生长和土壤状况，以便及时调整管理措施。

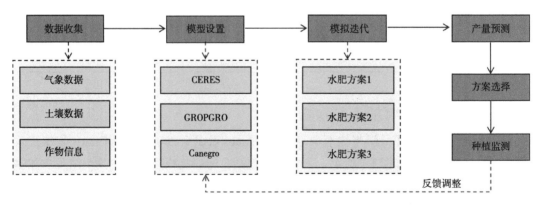

图3-3 基于DSSAT的水肥决策流程

基于DSSAT的水肥决策方法包含作物生长模型、土壤水分模型以及土壤养分模型，具体模型原理如下：

（1）作物生长模型

DSSAT考虑作物生长与光合产量以及作物呼吸损失有关，定义作物干重积累如下：

$$\Delta B = P_n - R \quad\quad\quad (3-2-1)$$

式中，ΔB 为作物生物量变化 [g/（ m²·d ）]，R 为生态系统呼吸损失 [g/（ m²·d ）]，通常与温度和单位面积中的作物数量有关，P_n 为作物光合产量，具体计算公式如下：

$$P_n = \alpha \times PAR \times (1 - e^{-k \cdot LAI}) \quad\quad\quad (3-2-2)$$

式中，α 为光合效率（g/MJ），PAR 为作物光合有效辐射 [MJ/（ m²·d ）]，k 为光吸收系数，LAI 为叶面积指数。

作物生长模型是作物养分需求量计算的基础，结合作物干重积累和作物养分吸收曲线可以确定作物在指定阶段内的养分吸收量。

（2）土壤水分模型

DSSAT模型中土壤水分状态通过水分平衡公式更新：

$$SW_t = SW_{t-1} + SW_{in} - SW_{out} \quad\quad\quad (3-2-3)$$

式中，SW_t 为当前土壤水分状态，SW_{t-1} 为上一次迭代土壤水分状态，SW_{in} 为土壤水分输入，SW_{out} 为土壤水分输出，土壤水分输入与输出的计算公式分别如下：

$$SW_{in} = P + I \quad\quad\quad (3-2-4)$$

$$SW_{out} = E + ET + R \quad\quad\quad (3-2-5)$$

式中，P 为降水量（mm），I 为灌水量（mm），E 为蒸发量，ET 为作物蒸散量，R 为土壤径流。

通过土壤水分模型可以精准监测土壤中的水分含量，从而为用户灌溉计划提供参考依据。

（3）土壤养分模型

DSSAT基于土壤特性和养分的初始含量分析土壤养分供应，具体计算公式如下：

$$N_a = N_i - N_l + N_m + N_f - N_c \quad\quad\quad (3-2-6)$$

式中，N_a 为土壤可用氮含量，N_i 为土壤初始氮含量，N_l 为流失氮量，N_m 为土壤矿化氮量，N_f 为施氮量，N_c 为作物养分需求量。DSSAT模型中定义作物对养分的需求与生物量有关：

$$N_c = k \times B \quad\quad\quad (3-2-7)$$

式中，k 为作物单位生物量所需氮量系数，通常为经验值，B 为作物生物量。在作物生育期，DSSAT可以定期更新土壤养分水平，并根据作物的生长需求调整施肥计划。

基于DSSAT的水肥决策方法已经在多个国家和地区进行了应用验证，表3-2汇总了不同国家使用DSSAT模型在粮食作物上的水肥决策应用效果。分析表格可知，通过优化管理策略（如调整灌溉和施肥计划），可以在提高作物产量的同时减少资源消耗。

表3-2 基于DSSAT的水肥决策系统的应用效果

国家	作物	增产	省水	省肥（氮肥）	文献来源
西班牙	大麦		5%	12%	Malik等（2020）
印度	水稻	3.7%			Harithalekshmi等（2023）
印度	水稻	4.8%			Harithalekshmi等（2023）
加拿大	小麦		50%		Jing等（2021）
西班牙	小麦	3.55%	5%	21%	Malik等（2020）
中国	小麦	1.5%		14.6%	刘建刚等（2013）
美国	玉米	5%			Singh等（2020）
西班牙	玉米		31%		Malik等（2019）
中国	玉米	12.4%			Bai等（2021）
美国	玉米			15%	Banger等（2018）
西班牙	玉米	27%	5%	33%	Malik等（2020）
西班牙	玉米	0.25%	5%	37%	Malik等（2020）
西班牙	向日葵	36%	86%		Malik等（2019）
西班牙	苜蓿	12%	26%		Malik等（2019）
西班牙	向日葵	11.3%	5%	51%	Malik等（2019）
西班牙	苜蓿	9%	5%	63%	Malik等（2019）

Malik等（2020）使用DSSAT系统对不同作物的生长情况进行了模拟，以确定最佳灌溉时机和施肥量。与传统灌溉制度相比，总灌溉用水量减少了5%。基于DSSAT系统确定的氮肥施用方案有效降低了农民的种植成本。在推荐的施肥方案下，玉米（长季）、玉米（短季）和大麦的施氮量分别减少了33%、37%和12%，同时产量分别增加了27%、0.25%和3.55%。优化的灌溉施肥方案提高了作物的水分利用效率，并减少了渗透损失。刘建刚等（2013）利用DSSAT模型模拟不同氮肥管理方案下冬小麦的产量，通过DSSAT水肥决策模型对栽培管理措施、品种选择及土壤条件进行优化调整，实现了施肥量减少14.6%的同时产量提高1.5%。Prasad等（2018）在水稻种植实验中，基于DSSAT模型测试和确定施肥的最佳方案，实现了水稻产量提高15%。Bai等（2021）利用DSSAT模型、遗传算法及过去20年的作物产量、物候期和土壤水分、氮含量等数据对东北地区玉米氮肥的管理进行了优化。基于DSSAT模型制定灌溉计划及施肥方案，实

现经济效益提升12.4%。Malik等（2019）基于DSSAT水肥决策系统在向日葵和苜蓿两种经济作物上应用，分别提高了36%和12%的产量，并实现了86%和26%的节水效果。此外，在另一组实验中，向日葵和苜蓿在基于DSSAT模型的水肥方案下实现了节肥51%和63%的同时增产11.30%和9%。

3.2.2 基于VegSyst的水肥决策模型

VegSyst是科尔多巴大学于2013年提出的一种用于蔬菜的水肥决策模型，旨在优化氮肥和灌溉管理。该模型计算每日光合有效辐射的拦截、干物质生产（DMP）、氮吸收和作物蒸散量，为氮肥和灌溉管理提供优化方案。VegSyst模型利用了易于获取的气候数据，能够准确模拟作物生长动态和营养需求。

基于VegSyst的水肥决策方法的整体框架如图3-4所示（Giménez et al.，2013），首先，根据气象数据以及作物生长期等输入数据，基于VegSyst模型计算作物蒸散量以及作物干重积累。然后，基于作物干重积累计算作物每日氮需求量，结合土壤氮养分含量以及施肥量等信息计算作物每日净需氮量。进一步，根据作物参考蒸散计算灌溉周期内的作物需水量。最后，根据作物每日净需氮量和作物需水量制定水肥管理方案，在灌溉过程中还考虑了EC值与均匀系数，以确保水分和养分能被作物有效且均匀吸收。

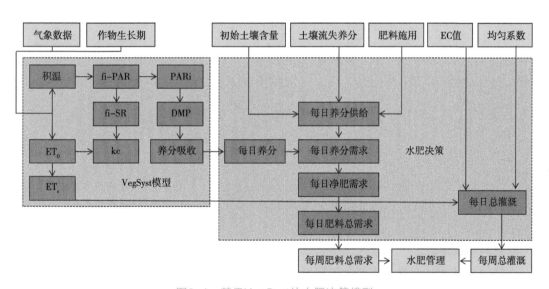

图3-4 基于VegSyst的水肥决策模型

基于VegSyst的水肥决策方法由作物干物质积累、作物氮素吸收、作物需水量计算三部分组成，具体模型原理如下：

（1）作物干物质积累

在VegSyst中，干物质生产（*DMP*）根据作物光合作用计算，首先计算作物每日光合有效辐射（*PAR*），*PAR*的计算过程首先通过收集每日最大和最小气温以及日照辐射数据，利用热时积累方法计算累积热时（*CTT*）：

$$CTT = \sum_{i=1}^{n} ET_i \qquad (3\text{-}2\text{-}8)$$

$$ET = \begin{cases} 0 & \text{if } T_{\max} \leqslant \text{Tlow } or\ T_{\min} \geqslant \text{Tupp} \\ \dfrac{T_{\max} + T_{\min}}{2} - \text{Tlow} & \text{if Tlow} < T_{\min} < T_{\max} < \text{Tupp} \\ \dfrac{T_{\max} + T_{\min}}{2} - \text{Tlow} & \text{if } T_{\min} < \text{Tlow} < T_{\max} \\ \dfrac{T_{\max} + T_{\min}}{2} - \text{Tlow} & \text{if } T_{\min} < T_{\max} < \text{Tupp} \end{cases}$$

式中，ET_i为第i天的有效温度，n为天数，Tupp为40℃，Tlow为10℃。然后，根据CTT计算相对热时（RTT）：

$$RTT1_i = \frac{CTT_i}{CTT_f} \qquad (3\text{-}2\text{-}9)$$

$$RTT2_i = \frac{CTT_i - CTT_f}{CTT_{mat} - CTT_f} \qquad (3\text{-}2\text{-}10)$$

式中，CTT_i为某一特定天数的累计热时，CTT_f为达到最大PAR拦截时的累计热时，CTT_{mat}为作物成熟时的累计热时。进而使用两阶段模型分别计算PAR的拦截比例$fiPAR$：

$$fiPAR = f0 + (ff - f0)[1 + B1 \cdot \exp(-a1 \cdot RTT1)]^{-1} \qquad (3\text{-}2\text{-}11)$$

$$fiPAR = ff[1 + B2 \cdot \exp(-a2 \cdot RTT2)]^{-1} \qquad (3\text{-}2\text{-}12)$$

式中，ff为作物在生长期间达到的最大PAR拦截比例，$f0$为作物在移植时的PAR拦截比例，$RTT1$为阶段1（从移植到最大PAR拦截）期间的相对热时，$RTT2$为阶段2（从最大PAR拦截到作物成熟）期间的相对热时，$B1$和$B2$为通过数据拟合获得的系数，$a1$和$a2$为模型的形状系数。

最后，将$fiPAR$与温室内的太阳辐射总量相乘，得出每日的PAR拦截值：

$$PAR_i = fi - PAR \times (Rs \times 0.43) \qquad (3\text{-}2\text{-}13)$$

式中，Rs为每日太阳辐射总量。这一过程为后续的干物质生产和氮吸收的计算提供了基础数据。

进一步，计算每日干物质生产（$DDMP$），每日光合有效辐射与辐射利用效率的乘积：

$$DDMP_i = PAR_i \times RUE \qquad (3\text{-}2\text{-}14)$$

式中，*RUE*为辐射利用效率，在模型校准阶段确定，通常与作物累计热时相关。

最后，计算总干物质生产，将每日干物质生成累加得到干物质生产：

$$DMP = \sum_{i=1}^{n} DDMP_i \qquad （3-2-15）$$

式中，*n*为天数。

（2）作物氮吸收

VegSyst中氮吸收计算公式如下：

$$N_{uptk} = \%N_i \times DMP_i \qquad （3-2-16）$$

$$\%N_i = a \times DMP_i^b \qquad （3-2-17）$$

式中，N_{uptk}为作物氮需求量，$\%N_i$是第*i*天的作物氮吸收量百分比，DMP_i是第*i*天的干物质积累，*a*和*b*是通过校准获得的系数。

（3）作物需水量

VegSyst根据作物蒸散量来估算灌溉周期内的灌溉需求：

$$I = \sum ET_i \qquad （3-2-18）$$

$$ET_c = k_c \times ET_0 \qquad （3-2-19）$$

式中，*I*为灌溉需求量，ET_i为第*i*天作物参考蒸散量，ET_0为参考蒸散量，使用Penman-Monteith模型进行计算，k_c为作物系数，反映不同作物的蒸散特性，计算方式如下：

$$kc_i = kc_{ini} + (kc_{max} - kc_{ini}) \times (f_{i-SR} / f_{f-SR}) \qquad （3-2-20）$$

$$kc_i = kc_{max} - [(kc_{max} - kc_{end}) \times (f_{f-SR} - f_{i-SR}) / (f_{f-SR} - f_{mat-SR})] \qquad （3-2-21）$$

式中，kc_{ini}、kc_{max}和kc_{end}分别为初始值、最大值和最终*kc*值，f_{i-SR}、f_{f-SR}和f_{mat-SR}分别为冠层拦截的太阳辐射的实际分数、最大值和成熟度分数。利用校准作物整个种植周期的模拟和实测值对kc_{ini}、kc_{max}和kc_{end}进行了优化。由于拦截辐射（f_i）的比例依赖于消光系数，VegSyst使用了基于太阳辐射的f_i（f_{i-SR}）和基于*PAR*的f_i（f_{i-PAR}）之间的以下关系：

$$f_{i-SR} = 1 - \exp[(\ln 1 - f_{i-PAR}) / 1.4] \qquad （3-2-22）$$

式中，1.4为基于*PAR*的消光系数

基于VegSyst的水肥决策方法在多种蔬菜作物上进行了应用验证，表3-3汇总了VegSyst模型的水肥决策应用效果，通过分析表可知，在大幅减少肥料施用量的情况下，虽然果蔬产量方面没有显著差异，但可以大大降低种植成本。

表3-3 基于VegSyst的水肥决策系统的应用效果

国家	作物	产量	省水	省肥	文献来源
西班牙	番茄	持平	25%	40%（N、K、Mg）、58%Ca、85%P	Gallardo等（2023）
西班牙	甜椒	持平		40%Ca、40%Mg	Gallardo等（2023）
西班牙	甜瓜	持平		10%K、30%Ca、30%Mg	Gallardo等（2023）

Gallardo等（2023）在番茄种植实验中，基于VegSyst-DSS-v2的灌溉施肥方案与传统方式相比灌溉减少了25%，施肥减少了40%的N、K和Mg，Ca和P分别减少了58%和85%。并且，VegSyst-DSS-v2制定的决策方法和传统方式在果实产量和品质上无差异。结果表明，使用VegSyst-DSS-v2制定的灌溉施肥方案可以在不影响产量的情况下大幅节省作物水和肥料投入。

Gallardo等（2023）在不同养分的土壤中对甜椒和甜瓜进行了实验，在土壤养分高的状况下，VegSyst-DSS推荐的施肥量比农民传统方法施肥量低20%～60%。在中等土壤养分状况的情境中，VegSyst-DSS推荐的施肥量比农民传统方法少40%。具体到数值，VegSyst-DSS推荐的施肥量与农民传统方法相比，对于甜椒Ca和Mg减少40%，对于甜瓜K、Ca和Mg分别减少了10%、30%和30%。

3.2.3 基于AquaCrop的水肥决策模型

AquaCrop模型由FAO联合不同国家和地区的气候、作物、土壤和水资源等领域的科学家共同开发的一种基于水分驱动的作物生长模拟模型（Steduto et al.，2009）。该模型分为作物蒸腾（T）和土壤蒸发（E）两部分，揭示了作物-水分的响应机制。模型包含作物、土壤、气候和管理四个模块，进行模拟时首先基于每日土壤水分平衡机制驱动模型模拟作物生长，然后利用标准化的水分生产率将作物蒸腾量转化为生物量，最后通过生物量和收获指数的乘积来计算作物产量。AquaCrop模型整体结构如图3-5所示，通过模拟土壤水分动态、作物生长和作物产量，为农民和农业决策者优化灌溉和施肥管理提供理论依据。

在使用AquaCrop进行水肥决策时，输入数据主要包括气象数据、作物参考数据、土壤数据、田间管理数据等，整体流程如图3-6所示。首先，根据作物生长基本资料进行冠层生长模拟，确定作物种植日期、出苗期、达到最大冠层期、冠层开始衰老期以及最大冠层覆盖度等指标，并获得作物生长周期日历表。然后，结合作物生长周期日历表、土壤数据、气象数据、田间管理数据制订灌溉计划。进一步，通过AquaCrop模拟作物生物量积累，并基于作物生物量与作物养分吸收曲线来计算施肥量。最后，结合灌溉计划与预测施肥量进行水肥管理。

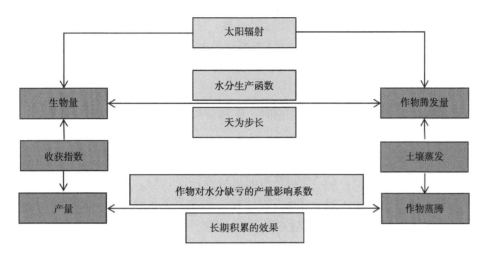

图3-5 AquaCrop模型整体结构

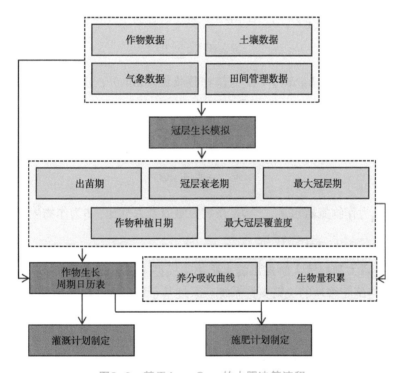

图3-6 基于AquaCrop的水肥决策流程

基于AquaCrop的水肥决策模型主要包括四部分：作物冠层发育模拟、作物蒸腾模拟、作物生物量积累模拟及作物养分吸收，具体方法原理如下：

（1）冠层发育

AquaCrop作物模型并不对作物的叶面积指数（LAI）进行模拟，而是模拟作物冠层盖度（CC）的发育过程：①冠层盖度在0（出苗前）和最大冠层盖度之间变动，最大值接近100%；②非限制条件下的作物冠层发育，使用初始冠层盖度、最大冠层盖度、冠层生长系数三个参数建模；③在冠层衰老开始时，用冠层衰减系数模拟冠层盖度的下降。

（2）作物蒸腾

当给定冠层盖度和每天的气象数据时，作物蒸腾（T_r）通过下式进行计算：

$$T_r = Ks \times \left(Kc_{Tr,x} \times CC^*\right) \times ET_0 \qquad (3-2-23)$$

式中，Ks是应力系数，CC^*是调整后的冠层覆盖度，$Kc_{Tr,x}$是作物系数，ET_0为作物潜在蒸散发，通过Penmane-Monteith方程计算，作物蒸腾系数Kc_{Tr}与冠层盖度成正比，依据行间平流和冠层拦截辐射的昼夜趋势进行额外调整。对于不同作物，比例因子$Kc_{Tr,x}$的最大值在1.0～1.2。

（3）作物生物量积累

模型以每日土壤水分平衡机制驱动模型模拟作物生长，基于作物生育期内累积的实际蒸散发（T_r）与标准化水分生产率（WP）来模拟总的生物量：

$$B = WP \times \sum T_r \qquad (3-2-24)$$

式中，B为生物量（kg/m^2），T_r为作物蒸腾量（mm），WP为水分生产效率［kg/（m^2·mm）］。

（4）作物养分吸收

模型主要考虑作物氮吸收，氮吸收计算公式如下：

$$N_{uptk} = \%N \times B \qquad (3-2-25)$$

式中，N_{uptk}为作物氮需求量，$\%N$是作物氮吸收量百分比，B为作物生物量积累。

3.2.4 基于GesCoN的水肥决策模型

GesCoN是意大利福贾大学提出的水肥决策模型（Elia et al.，2015），是用于露天蔬菜作物灌溉与施肥管理的决策支持系统。系统基于每日水和氮平衡模型的计算，并结合蒸散量估算，为作物提供精准的灌溉和施肥建议，这一过程旨在提高施肥效率并减少氮流失。

GesCoN水肥决策方法基于Logistic作物模型来模拟作物生长，获得作物干重积累并计算作物氮需求量。然后，GesCoN基于氮动态平衡来实现每日土壤氮含量监测，首先计算土壤中的氮输入和输出，然后更新土壤氮的含量，最后根据作物生长阶段和环境条件，动态调整施肥量和氮管理策略：①氮不足：如果土壤氮库存低于作物的氮需求，系统会建议施肥；②作物生长阶段：在关键生长阶段（如生长初期、开花期等），作物对氮的需求较高，此时施肥的优先级更高；③气象条件：考虑降雨和温度等气象因素，避免在降雨前施肥，以减少氮流失。进一步，GesCoN基于水分平衡方程建立土壤水分每日监测，在获得土壤水分含量之后，根据以下规则决定是否进行灌溉：①水分阈值：设定一个下限水分阈值,当土壤含水量低于此阈值时,系统会建议进行灌溉;②作物需求:如果ET高于可用水量(TAW),则需要进行补水;③降雨预测:如果预计有降雨,系统会推迟灌溉建议。同时,可以根据实时气象和土壤数据进行动态调整,以确保灌溉计划的灵活性和适应性。

基于GesCoN的水肥决策方法由作物生长模型、土壤水分动态平衡、土壤氮动态平衡三部分组成,具体方法原理如下:

(1)作物生长模型

作物生长模型采用Logistic模型来预测作物的干重积累(SDW):

$$SDW = \frac{\beta_1}{1 + e^{(\beta_2 + \beta_3 t)}} \quad (3\text{-}2\text{-}26)$$

式中,β_1、β_2、β_3为模型参数,t为热时间,热时间的计算公式为:

$$GDD = \frac{(T_{\max} + T_{\min})}{2} - T_{\text{base}} \quad (3\text{-}2\text{-}27)$$

式中,$T_{\max}$和$T_{\min}$分别为日最高和最低气温,T_{base}为作物有效积温下限。

(2)土壤水分动态平衡

GesCoN的土壤水分平衡模型通过以下公式进行日常计算:

$$WRV = WRV_{t\text{-}1} + I + R - ET \quad (3\text{-}2\text{-}28)$$

式中,WRV表示土壤体积含水量,$WRV_{t\text{-}1}$表示初始土壤体积含水量,ET为作物蒸散量,I为当日灌溉量,R为有效降水量。

作物的蒸散量(ET)通过以下公式估算:

$$ET = K_c \times ET_0 \quad (3\text{-}2\text{-}29)$$

式中,K_c为作物系数,反映不同作物的蒸散特性,ET_0为参考蒸散量。

土壤总可用水量(TAW)可以通过以下公式计算:

$$TAW = \theta_{FC} - \theta_{WP} \quad (3\text{-}2\text{-}30)$$

式中,θ_{FC}为田间持水量,表示土壤能够保持的最大水分;θ_{WP}为永久萎蔫点,表示植物无法吸收的水分。

作物可提取水量(RAW)是作物能够利用的水分,计算公式如下:

$$RAW = f \cdot TAW \quad (3\text{-}2\text{-}31)$$

式中,f为可提取水量的比例因子,取决于土壤类型和作物的生长阶段。

在水分动态平衡的计算中,GesCoN会每日更新土壤水分状况,首先评估当天的降水量、蒸散量以及灌溉量,然后确定有效降水量和水分损失,最后基于前一日水分状况更新土壤含水量。

（3）土壤氮动态平衡

GesCoN中，土壤氮动态平衡模型用于评估作物对氮的需求，以及土壤中氮的变化。氮的动态平衡公式可以整体表示为：

$$N_{balance} = N_{input} - N_{output} \qquad (3\text{-}2\text{-}32)$$

式中，N_{input}为土壤中氮的输入，包括施肥、氮矿化以及降雨中的氮；N_{output}为土壤中氮的输出，包括作物吸收、氮流失（如淋洗）和气体挥发（氮氧化物）。

土壤氮输入的计算公式如下：

$$N_{input} = N_f - N_m \qquad (3\text{-}2\text{-}33)$$

式中，N_f为施入的氮肥量，N_m为土壤有机质转化为可用氮的量。

土壤氮输出的计算公式如下：

$$N_{output} = N_d + N_l + N_v \qquad (3\text{-}2\text{-}34)$$

式中，N_d为作物对氮的需求量；N_l为水分流动导致的氮损失；N_v为氮的挥发，通常与施肥及土壤条件相关。

作物氮需求量通过以下公式来估算：

$$N_d = k \cdot DM_a \qquad (3\text{-}2\text{-}35)$$

式中，N_d是作物对氮的需求量；k为氮吸收曲线参数，反映氮需求与干物质积累之间的关系；DM_a为作物干物质积累，通过作物生长模型进行估算。

综合作物氮需求、土壤氮状况和气象条件，GesCoN能够科学决策施肥时间，从而优化氮的利用效率，提高作物的生产潜力。

3.2.5 基于WOFOST的水肥决策模型

WOFOST模型由荷兰瓦赫宁根大学开发（Van Diepen et al., 1989），整体结构如图3-7所示，主要模块包括：作物生长模块、土壤水分模型、作物养分模型、产量预测模块。模型以同化作用、呼吸作用、蒸腾作用和干物质分配等作物的生理过程为基础，模拟肥料供应、水分限制和养分限制条件下作物的生长。其计算过程主要结合气候模块和作物模块来模拟，并利用土壤模块中的水分和养分信息，模拟水分胁迫和养分胁迫条件下作物的生长过程。

基于WOFOST的水肥决策模型如图3-8所示。首先，基于生物学原理，模拟作物的生长过程，包括光合、呼吸、营养吸收等，使用生理参数（如光合效率、增长速率）来计算作物的生物量。然后，考虑灌溉、降水、蒸发、土壤渗透等因素来模拟土壤水分动态。通过水分平衡方程，来监测土壤水分变化，并根据作物吸水下限来进行灌溉计划制定。进一步，基于土壤初始条件，模拟氮素的输入（施肥、土壤氮素释放）和输出（作物吸收、淋失等），通过氮素循环与作物干重积累计算作物对氮素的需求。最后，结合灌溉计划与作物氮素需求进行水肥决策管理。

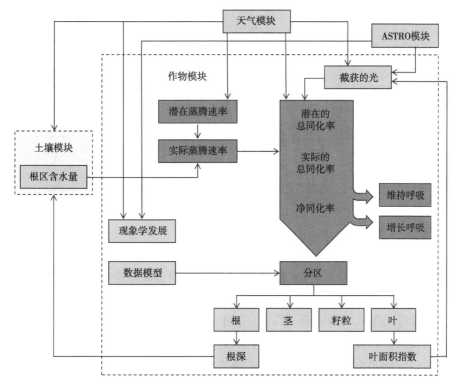

图3-7 WOFOST模型整体结构

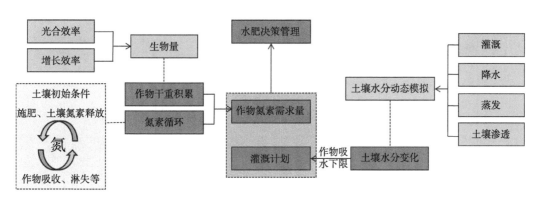

图3-8 基于WOFOST的水肥决策模型

3.2.6 基于APSIM的水肥决策模型

APSIM是澳大利亚农业生产系统研究组开发的一种具有模块化结构的作物生产系统模拟器（McCown et al., 1995），旨在帮助研究人员、农艺师及农民理解和预测作物生长及其与环境因素的相互作用。模型整体组成如图3-9所示，APSIM采用模块化设计，允许用户根据特定作物和管理实践自定义模拟过程，涵盖土壤水分、养分循环和气候变化等多个方面，能够整合田间数据并进行校准和验证，确保其预测结果的准确性和可靠性。

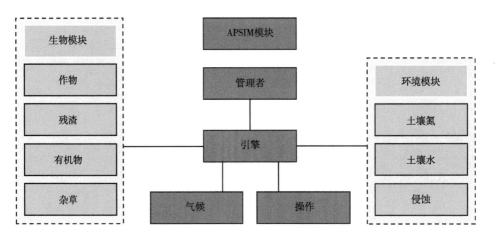

图3-9　APSIM模型整体组成

APSIM水肥决策模型基于作物生长、土壤水分和土壤氮素模块来实现，整体流程如图3-10所示。首先，作物模块根据田间每日气象条件和作物生长模拟计算作物参考蒸散量及作物养分（氮素）需求量。然后，基于土壤水分平衡方程，结合作物参考蒸散、气象数据及田间管理数据来进行田间土壤水分每日监测。进一步，土壤模块根据田间土壤理化参数、土壤初始条件数据，结合作物每日养分需求量，实现田间土壤养分每日监测。最后，根据作物水分、养分需求量、土壤水分监测以及土壤养分监测来制订灌溉与施肥计划。

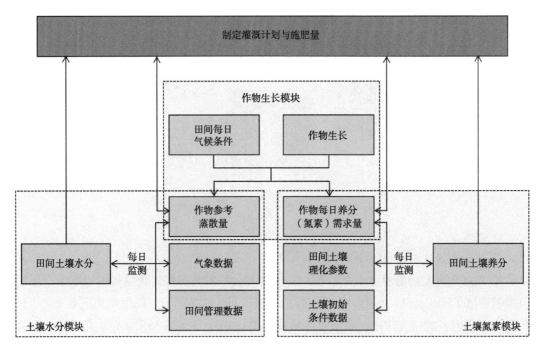

图3-10　基于APSIM模型的水肥决策

3.3 动态决策方法

静态决策方法虽然在实施成本上因无须监测校正较动态决策方法要低，但其往往需要周期较长的校正和调参，限制了其在实际生产中的大规模应用。而动态决策方法往往是依靠监测数据进行决策，不需要事先对模型进行校正，从应用的角度讲，更具有可实施性。当前动态决策方法依据监测对象，又可以划分为以植物为对象的监测决策和以土壤为对象的监测决策。

3.3.1 植物监测决策方法

植物监测决策是以植物监测信息为决策依据的决策方法。当前，在水分管理决策方面，主要的植物监测决策方法是根据叶气温差进行决策。在高蒸腾速率下，作物叶片的温度可以被降低，而低蒸腾速率则会导致叶片温度上升，较低的叶气温差通常指示土壤水分不足，而较高的叶气温差则表明土壤水分充足，这种差异可以作为灌溉调整的依据进行灌溉。在对植物营养状况监测方面，光学传感器具有很高的测量通用性，其既可以用于测量植物单个叶片的数值，又可以被安装在拖拉机、无人机、机器人，甚至飞机或卫星上进行大范围的监测。在光学测量传感器中，应用最为广泛的是SPAD仪，SPAD产生了一个与叶绿素浓度正相关的无量纲指数，可以用于判断叶片中的氮素浓度，在建立了SPAD值与作物氮含量的关系后，就可以用SPAD值进行氮肥施用指导。在SPAD仪器测量基础上，由法国国家科学院、巴黎第十一大学和法国Force-A公司开发的植物多酚—叶绿素测量计——Dualex可以使用UV波段的吸光度测量类黄酮含量，绿光波段的吸光度测量花青素含量，两个近红外波段的透光率测量叶绿素含量，叶绿素含量和类黄酮含量的比值表示氮平衡指数（Goulas等，2004）。其测量对象可以是单子叶植物、双子叶植物或多年生植物的叶片。这款设备简单易用，可进行实时和非破坏性测量。由于不需要校准标定和事先的样品制备，测量工作可在实验室或现场完成。多光谱图像也是一种被广泛研究的植物监测方法，多光谱图像包含多个波段的图像，这些波段覆盖了可见光和近红外光的范围，通过不同波段的组合，可以获取植物在不同波段下的反射和吸收特性，从而实现对植物的监测。

3.3.2 土壤监测决策方法

相比于作物监测决策方法，土壤监测的技术手段在实际生产中应用更为广泛。在土壤水分监测方面，当前常用的传感器包括电阻式、电容式、介电常数等土壤水分传感器，也包括负压计等土壤水势传感器，通过这些水分状况传感器信息，可以较为简便地做出灌溉决策信息。对于土壤养分的监测目前使用较多的有负压蒸渗仪、近红外光谱和离子特异性传感器等，其中负压蒸渗仪可以允许使用人员使用泵或简易器从土壤中提取溶液，然后对土壤溶液中的浓度进行分析，但该方法存在一个重要的缺点，就是测量的空间相对较小，而土壤溶液营养分布存在巨大的空间变化，这对该技术的应用起到了明显的限制（Granados等，2013）。近红外光谱（NIRS）是一种利用近红外光

（780～2 500nm）照射样品，并测量样品对不同波长的近红外光的吸收或反射来获得样品信息的技术，该方法用于监测土壤养分具有非破坏性和高效率的特点，但同时溶液受到样品的水分、颗粒大小、温度、光照等因素的干扰，导致近红外光谱的变化和误差，并且由于近红外光谱与所需参数之间的关系往往不是线性或单一的，而是复杂或多元的，定性分析比较容易，但对于定量分析比较困难。离子传感器如离子选择性光电极管（ISO）、离子选择性电极（ISE）和离子选择场效应晶体管（ISFEs）是目前用于土壤养分分析最为可靠的传感器之一，这类传感器通过与离子特异性的结合产生电信号而进行养分离子的测定，具有成本低和准确性高的特点（Bamsey等，2012）。

尽管动态水肥决策方法相对于静态水肥决策方法在应用中更具有普适性，当前国内外尚未建立系统性的针对动态水肥监测的决策模型，这是动态水肥决策中亟须解决的重要问题。

第4章 >

最佳土壤溶液决策模型创建与应用

> >

水肥管理系统决策模型是整个数字水肥管理的"中枢大脑",其在整个数字水肥管理中负责将各种来源的信息进行综合处理,形成最优化的水肥管理方案,并交付给执行机构进行执行。如前文所述,当前的水肥管理决策,主要依靠各类机理模型和大量田间试验进行,这些机理模型具有输入参数需求多、本地化验证周期漫长等特点。在物联网等信息化技术日益发展的新阶段,全球范围内尚未具有专门面向物联网信息采集的水肥决策成熟模型。利用物联网信息采集,可以有效克服机理模型驱动参数需求多和本地化验证周期漫长的缺陷,从而直接获取决策所需信息进行决策。基于此,本书系统地提出了"最佳土壤溶液"决策模型的建模思想,并构建形成了具有更高普适性和准确性的水肥决策模型。

4.1 最佳土壤溶液决策模型的建模思想和调控目标

在农业生产中,土壤、植株、大气是一个连续体(Soil-Plant-Atmosphere Continuum,SPAC),水肥管理的最终目的是缓解作物生长所面临的水分和养分胁迫,使得作物获得最佳的生长速率和生产性能,但是如何获取水分和养分的相关信息并产生相关决策,是水肥管理中面临的重要问题。对当前已有的水肥决策方法进行总结可以发现,当前主要的水肥决策思想主要可以划分为三个类型,一类是采用机理模型验证调参后进行预测决策，一类是依靠离线检测获取水肥管理相关信息，随后依靠经验总结规律进行决策，还有一类是依靠在线检测仪器进行相关信息获取，随后依靠经验总结规律进行决策（表4-1）。其中第一类机理模型验证调参—预测决策在实际推广中面临的主要限制性问题是其输入参数需求多，本地化调参周期漫长，第二类离线检测—经验决策方法主要问题是离线检测数据反馈周期较长，检测成本较高，不具有及时性，第三类在线检测—经验决策面临的主要问题是非原理性决策导致普适性偏低，决策参数单一。这一类决策中一个比较典型的方法案例是测墒灌溉技术，其通常根据经验按照田间持水量的60%~80%作为灌溉依据，低于数值范围时进行灌溉，这一类经验性决策在常规土壤上是具有可行性的，但在黏土、沙土或者基质栽培中往往不具有适应性。

表4-1　当前已有水肥管理决策思想特点与问题

决策思想	主要思路	限制性问题	类别内技术举例
机理模型验证调参—预测决策	对涉及水分、养分的机理模型进行本地化验证调参，随后用于水分、养分决策	机理模型输入参数需求多，本地化调参周期漫长	DSSAT、Vegsyst模型等
离线监测—经验决策	利用相关离线设备仪器对水、肥相关指标进行化验测试，随后依靠经验总结规律进行决策	离线检测数据反馈周期较长、检测成本较高，不具有及时性	测土配方、氮素遥感施肥
在线监测—经验决策	利用相关在线检测仪器进行水、肥相关指标检测，随后依靠经验总结规律进行决策	经验决策的非原理性决策导致普适性偏低、决策参数单一	测墒灌溉、叶气温差灌溉

在线监测—机理决策是水肥管理决策中最为期待出现的一种形态，这种决策思想无须进行大量的输入参数率定，同时也具有较高的普适性，与在线监测—经验决策不同的是，该种决策方法是对影响水肥吸收的本质性指标进行测量，而非对表观性指标进行测量。但在先前的发展中，由于监测手段和机理模型发展不足，尚未出现系统性的在线监测—经验决策方案。

在建立系统性的在线监测—经验决策方案之前，首先要解决的问题是确定在线监测和调控的目标物，如第3章"动态决策方法"一节所述，当前水肥决策主要面向目标物有两种，一种是作物，一种是土壤。前者如作物SPAD值氮素施用、作物冠气温差灌溉，后者如测土配方施肥、测墒灌溉等。但无论是以作物还是土壤为目标物，理论上都属于间接性的探测和调控，无法实现"机理决策"。事实上，在SPAC体系中水和肥是以溶液的状态共同存于作物根际土壤，并在作物蒸腾拉力等的作用下，经过根系吸收到达叶片参与光合作用，因此，水肥管理决策最为直接的探测和调控是对根际土壤溶液进行调控，而非对作物或土壤进行调控。

基于此，本书提出一种以土壤溶液为直接探测和调控目标物的水肥管理决策模型，并将该方法命名为"最佳土壤溶液"水肥决策模型（Best Soil Solution Decision Model，BSSDM）。该决策模型通过监测土壤溶液水势、养分含量、电导率和pH状况进行水肥决策所需信息的收集，产生灌溉和施肥的相关决策（图4-1），维持土壤溶液尽可能地处于最佳状态，获得最佳的作物生长速率，并有效减少不必要的水肥资源浪费。该决策模型最大特点是从作物水肥吸收的原理出发去进行水分和养分的管理，并且所有数据依靠直接在线测量进行获取，其可有效解决机理模型静态决策中参数率定周期和成本问题，以及在线监测—经验决策的普适性不足问题。

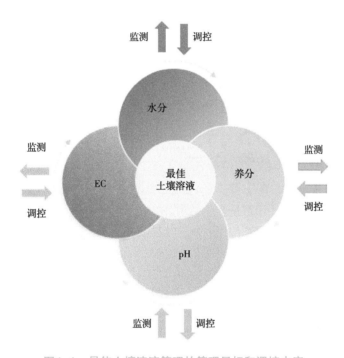

图4-1　最佳土壤溶液管理的管理目标和调控内容

通过对前人研究的总结归纳可以发现以下基本规律：①作物对于土壤水势、EC值、pH值均有适宜区间，并且存在一个区间上限和区间上限，在该区间内作物可获得最佳生长速率，而高于或低于该区间作物生长将受到胁迫；②对于土壤溶液中的养分含量，我们发现其符合边际效应递减曲线，存在一个临界点使得土壤溶液中养分在该临界点以下时作物生长速率随该养分含量的增加快速提高，而超过该临界点后，作物生长速率随该养分含量的增加提高速率显著下降（图4-2）。因此，"最佳土壤溶液"水肥决策管理目标是获取土壤水势、EC值、pH值和溶液中养分含量信息，并利用灌溉、施肥手段将其尽可能地调整至最佳区间范围内或最佳浓度。

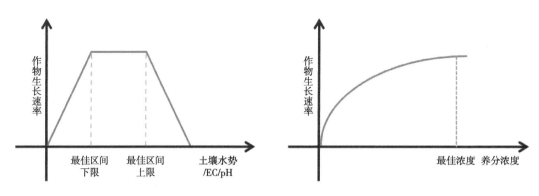

图4-2　最佳土壤溶液管理的调控目标

4.2　土壤水势决策

在SPAC体系中，土壤溶液在水势的驱动下发生迁移，土壤水势与作物水势之间的差异是土壤溶液从土壤向作物迁移的关键动力因素，因此灌溉的根本性目标是调节土壤水势满足作物对水分吸收的需求。

4.2.1　土壤水势决策的核心算法

表征土壤水分含量多少的主要指标包括土壤体积含水量、土壤重量含水量和土壤水势等，其中土壤体积含水量和重量含水量并不能很好地表征土壤缺水状况，因为相同水分含量的土壤会因质地和孔隙结构等原因产生不同的渗透势，因此，利用土壤水势进行灌溉决策是最为直接的决策手段。土壤水势指相对于纯水自由水面，土壤水所具有的势能。土壤水与自然界中其他物质一样，具有各种形式的能量，因流动速度甚小，忽略其动能，在SPAC体系中只关注其势能。当水分进入土壤孔隙中，受到吸附力、毛管力、重力和溶质离子的引力等作用，分别产生基模势（包括吸附势、毛管势）、重力势、溶质势和压力势等，这些能量的总和称总土壤水势，其反映了土壤水分的能量状态、运动的方向，以及对植物有效性的大小，土壤水势为负值，其数值越小，代表其对作物的有效性越低。

在以往研究中，Feddes等（1978）根据作物对土壤水势的响应规律，将土壤水势划分为h_1厌氧点水势、h_2最佳吸水水势、h_3最佳吸水临界水势和h_4枯萎点水势。在h_4枯萎点作物将面临萎蔫死亡，无法吸水，在h_2以上和h_3以下，作物将保持最佳吸水速率，超过h_2后作物将因厌氧使得根系呼吸受阻、活性下降、吸水速率降低，超过h_1厌氧点后作物将完全不能吸水（图4-3）。因此，精准灌溉的目标是保持根际土壤水分处于h_3最佳吸水临界水势与h_2最佳吸水水势之间，在该范围内，水分能够被最大程度地利用，水中的养分能被较好地吸收。h_3最佳吸水临界水势随着作物潜在蒸腾而变化，在蒸腾量比较高时，作物需要更多的水分以维持生长，在建模时，一般采用对1 mm/d和5 mm/d潜在蒸散下的h_3值进行率定，分别记为h_{3low}和h_{3high}，通过两点形成线性关系曲线后，其他潜在蒸散下的h_3值通过线性插值进行求解。

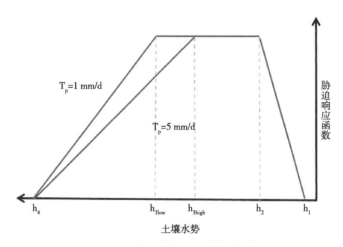

图4-3　作物最佳水势调控原理

表4-2给出了部分粮食作物、蔬菜和水果的土壤水势临界阈值，不同作物因自身生理特性而具有不同的耐旱性能和耐涝性能，大部分作物的h_2最佳吸水临界水势为-30 cm左右，而h_{3high}水势差异较大，从-200 cm到-800 cm不等，这表明在土壤水势管理中，需要针对不同作物做出差异性管理。在以最佳土壤溶液管理为管理目标时，需要根据不同作物土壤水势临界阈值将作物水势调整至最适宜区间范围以内，并且如果预测下次达到h_3最佳吸水临界水势前有降雨出现，计算灌溉量时应扣除降水量，保障土壤本底土势（h_{soil}）、由灌溉升高的土壤水势（h_{irrig}）和由降水升高的土壤水势（h_{rain}）三者之和处于h_3与h_2水势之间，即

$$h_3 < h_{soil} + h_{irrig} + h_{rain} < h_2 \qquad (4\text{-}2\text{-}1)$$

表4-2　典型作物土壤水势临界阈值

作物	h_1（cm）	h_2（cm）	h_{3high}（cm）	h_{3low}（cm）	h_4（cm）
小麦	0	−1	−500	−900	−16 000
玉米	−15	−30	−325	−600	−8 000
马铃薯	−10	−25	−320	−600	−16 000
豆类	−15	−30	−750	−2 000	−8 000
卷心菜	−15	−30	−600	−700	−8 000
生菜	−15	−30	−400	−600	−8 000
胡萝卜	−15	−30	−550	−650	−8 000
草莓	−15	−30	−200	−300	−8 000
番茄	−15	−30	−800	−1 500	−8 000

4.2.2　土壤水势与土壤含水量换算

土壤水势通常可以直接测量，也可以通过对土壤水分含量进行探测后转化为土壤水势。这一过程通常通过VG模型等土壤水分特征曲线方程完成（van Genuchten，1980），该模型如下：

$$S_e(h) = \frac{\theta - \theta_r}{\theta_s - \theta_r} = \frac{1}{\left[1 + (\alpha|h|)^n\right]^m} \qquad (4\text{-}2\text{-}2)$$

式中，S_e是土壤饱和程度，h是土壤水势（L），θ是土壤体积含水量（L^3/L^3），θ_s和θ_r分别是饱和和残余含水量（L^3/L^3），α、m[-]和n（$m=1-1/n$）（-）是土壤持水曲线的形状参数，l是孔隙连续性参数（-）。同时Ks是饱和导水率（L/T），通常决定了水分在土壤介质中的迁移速率。不同质地土壤因为具有不同的黏粒、砂粒、粉粒构成和孔隙结构而具有不同的土壤水分特征曲线参数（表4-3）。

表4-3　不同土壤类型土壤水分特征曲线参数

土壤质地	残余含水率 （cm³/cm³）	饱和含水率 （cm³/cm³）	α （1/cm）	n	Ks （cm/d）
砂土	0.04	0.41	0.012	1.6	49.99
壤质砂土	0.057	0.41	0.124	2.28	350.20
砂壤土	0.065	0.41	0.075	1.89	106.10
壤土	0.078	0.43	0.036	1.56	24.96
粉土	0.034	0.46	0.016	1.37	6.00
粉质壤土	0.067	0.45	0.02	1.41	10.80
砂质黏壤土	0.1	0.39	0.059	1.48	31.44
黏壤土	0.095	0.41	0.019	1.31	6.24
粉质黏壤土	0.089	0.43	0.01	1.23	1.68
砂质黏土	0.1	0.38	0.027	1.23	2.88
粉质黏土	0.07	0.36	0.005	1.09	0.48
黏土	0.068	0.38	0.008	1.09	4.80

通过上述不同类型土壤水分特征曲线参数，可以转化面向不同作物的各阈值水势对应土壤体积含水量，表4-4中以小麦为例进行了相应转化，从表中可以看出，小麦

的h_2水势对应土壤含水量从0.36 cm^3/cm^3至0.46 cm^3/cm^3，h_{3high}水势对应土壤含水量从0.05 cm^3/cm^3至0.34 cm^3/cm^3，土壤类型对灌溉阈值起到十分关键的影响，这也说明了单纯采用体积含水量进行灌溉指导将会在不同类型土壤中产生巨大差异。相比土壤类型，潜在蒸散对水分阈值的影响相对较小，不同类型土壤中h_{3low}水势对应土壤含水量和h_{3high}水势对应土壤含水量仅仅相差0.01~0.04 cm^3/cm^3。

表4-4　小麦不同土壤类型土壤水势临界阈值折合土壤水分（SWC，cm^3/cm^3）

土壤质地	SWC-h_1	SWC-h_2	SWC-h_{3high}	SWC-h_{3low}	SWC-h_4
砂土	0.43	0.43	0.05	0.05	0.05
壤质砂土	0.41	0.41	0.06	0.06	0.06
砂壤土	0.41	0.41	0.08	0.07	0.07
壤土	0.43	0.43	0.15	0.13	0.09
粉土	0.46	0.46	0.23	0.19	0.09
粉质壤土	0.45	0.45	0.21	0.18	0.10
砂质黏壤土	0.39	0.39	0.16	0.14	0.11
黏壤土	0.41	0.41	0.25	0.22	0.15
粉质黏壤土	0.43	0.43	0.32	0.29	0.20
砂质黏土	0.38	0.38	0.25	0.23	0.17
粉质黏土	0.36	0.36	0.33	0.32	0.27
黏土	0.38	0.38	0.34	0.33	0.27

4.2.3　农田尺度与区域尺度土壤含水量信息的获取

（1）农田尺度土壤含水量信息的获取

土壤水分传感器是获取土壤水分信息最为直接的方式，当前主要的土壤水分传感器包括电阻式、电容式、介电常数等，其中介电常数传感器通常具有较高的价格，但准确率在各类传感器中最为准确，电阻式和电容式土壤水分传感器，应用成本较低，但准确度偏低。在田间尺度，利用土壤水分传感器就可以完成所有的灌溉所需信息。

在农田尺度进行土壤含水量信息获取时，通常面临着一个需要考量的重要问题——传感器安置位置。采取单一传感器进行监测无法确保所获取信息的代表性，但如果采取多传感器进行监测会带来高昂的设备投入成本，同时不管是采用管式测墒仪还是采用人工挖掘剖面的方式进行监测，都会导致对土壤水分运移的干扰，难以准确获取相关信息。因此，获取代表性点位，并根据代表性点位的测量信息推断土壤水分信息，是降低土壤水分监测设备投入和避免多点布控所带来土壤水分运移干扰的重要技术手段。利用二维土壤水分运移模拟来解析土壤水分空间二维分布规律，以此定位代表性监测点位是一种方便快捷的定位方法。

图4-4是作者在相关工作遇到的一种温室番茄的种植模式，该种植采用1垄双行种植模式，滴灌管间距为40 cm，地膜垄面宽100 cm，株距40 cm，膜间距为60 cm。以多年平均气象数据、测得的土壤水势、灌溉进程为输入条件，以Hydrus-2D软件进行土壤二维分布状况模拟，对番茄全生育期的土壤水分的横向变异和深度变异规律进行解析（图4-5），得到在不同深度上土壤水分含量从膜中央位置（0 cm处）向滴灌带所在位置（20 cm处）呈增加趋势，随后从滴灌带所在位置一直到裸地中央位置（80 cm处）呈现下降趋势，而裸地一侧的土壤水分由于受蒸发影响低于覆膜一侧同位置的土壤水分含量。在不同水平位置上，土壤水分含量以表层最低，向下逐渐升高，随后下降。番茄生育主体根系主要位于栽培位置的20 cm范围内，深度40 cm范围内，由以上规律得到，当前典型番茄种植模式中土壤水分含量低值点在距植株10 cm的未覆膜一侧表层处，在该位置进行土壤水分监测，并据此位置的信息进行灌溉，可确保主体根系的土壤水力都在最佳水势临界点以上。

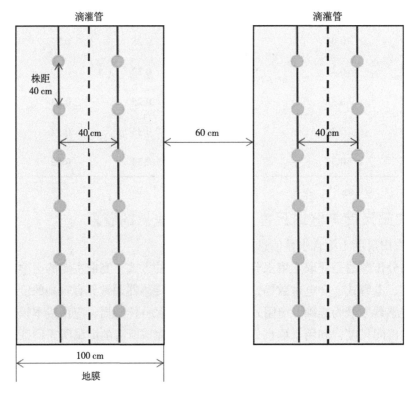

图4-4　二维土壤水分探测的代表性点位选取案例田间布置示意图

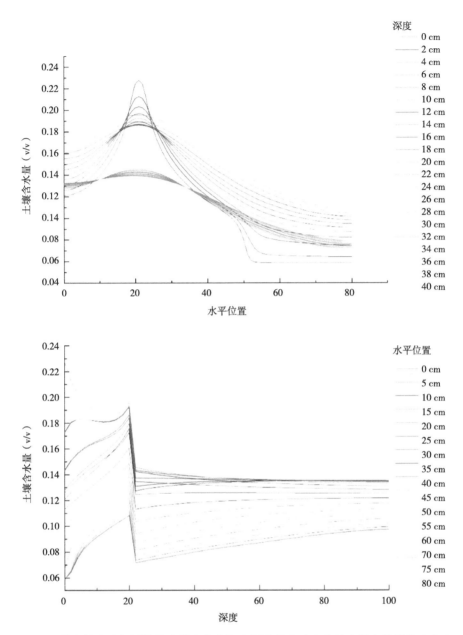

图4-5　二维土壤水分探测的代表性点位选取案例中的土壤水分的水平变异规律（上）、
深度变异规律（下）

（2）区域尺度土壤含水量的获取

土壤水分传感器比较适合农田尺度的研究，而对于区域尺度，可以采用卫星遥感与
气象数据相结合的间接测定方法。本书作者所构建的用于区域土壤墒情信息获取的方法
主要是基于Landsat8数据建立多光谱影像土壤墒情反演模型，以监测站土壤墒情仪采样
数据作为因变量，对应时段的植被供水指数$VSWI$为自变量，使用线性回归模型来建立
土壤水分与遥感特征之间的关系，获得空间分辨率30 m、时间分辨率30 d的土壤墒情指

标，实现由点到面的土壤墒情监测获取。

该方法所采用的基本原理是土壤含水量与植被供水指数在一定范围内具有线性相关，该关系可以表达如下：

$$SWC = a \times VSWI + b \tag{4-2-3}$$

式中，SWC 为遥感反演估算的土壤相对湿度，$VSWI$ 为植被供水指数，a、b 为模型拟合参数。墒情反演模型使用梯度下降算法来拟合参数，其核心思想是通过不断调整参数以最小化损失函数，定义模型损失函数：

$$L = \frac{1}{N}\sum_{i=1}^{N}(y_i - \hat{y}_i)^2 \tag{4-2-4}$$

式中，y_i 为实际值，即墒情仪所测得的土壤水分，$\hat{y}_i$ 为预测值，N 为样本数量。对于模型前向运算，给定输入 X，网络的每一层根据激活函数计算输出，激活公式为：

$$a^{(l)} = f(W^{(l)}a^{(l-1)} + b^{(l)}) \tag{4-2-5}$$

式中，$W^{(l)}$ 和 $b^{(l)}$ 分别为第 l 层的权重和偏置，$a^{(l)}$ 为该层的输出，f 为激活函数，系统使用 ReLU 激活函数，定义如下：

$$f(x) = \max(0, x) \tag{4-2-6}$$

当输入 x 大于 0 时，输出为 x，当输入 x 小于或等于 0 时，输出为 0，与传统的激活函数相比，ReLU 在正区间的梯度为 1，这有助于缓解梯度消失问题，尤其是在深层网络中。基于前向运算的结果计算损失函数 L，进一步通过反向传播算法计算损失函数对参数的梯度：

$$\frac{\partial L}{\partial W^{(l)}} = \frac{\partial L}{\partial a^{(l)}} \cdot \frac{\partial a^{(l)}}{\partial W^{(l)}} \tag{4-2-7}$$

$$\frac{\partial L}{\partial b^{(l)}} = \frac{\partial L}{\partial a^{(l)}} \cdot \frac{\partial a^{(l)}}{\partial b^{(l)}} \tag{4-2-8}$$

从输出层开始，向前传播至输入层，依次更新每一层的梯度。根据计算得到的梯度，对模型参数进行更新：

$$W^{(l)} := W^{(l)} - \eta \cdot \frac{\partial L}{\partial W^{(l)}} \tag{4-2-9}$$

$$b^{(l)} := b^{(l)} - \eta \cdot \frac{\partial L}{\partial b^{(l)}} \tag{4-2-10}$$

重复以上步骤，直到损失函数收敛或者达到预设的迭代次数，通常设定一个阈值，当损失变化小于该阈值时，停止训练。

植被供水指数计算方法如下：

$$VSWI = NDVI / T_c \qquad (4\text{-}2\text{-}11)$$

式中，$VSWI$为田间监测时段植被供水指数，$NDVI$为田间监测时段归一化植被指数，T_c为作物冠层温度，可用地表温度代替。

归一化植被指数计算方法如下：

$$NDVI = (R_{nir} - R_{red})/(R_{nir} + R_{red}) \qquad (4\text{-}2\text{-}12)$$

式中，$NDVI$为归一化植被指数，R_{nir}为多光谱近红外波段反射率，R_{red}为多光谱数据红外波段反射率。

本方法中使用地表温度替代作物冠层温度T_c，地表温度基于分窗算法反演，计算方法如下：

$$LST = T_{10} + C_1(T_{10} - T_{11}) + C_2(T_{10} - T_{11})^2 + C_0 + \\ (C_3 + C_4 CWV)(1-m) + (C_5 + C_6 W)\Delta m \qquad (4\text{-}2\text{-}13)$$

$$m = \frac{LSE_{10} + LSE_{11}}{2} \qquad (4\text{-}2\text{-}14)$$

$$\Delta m = LSE_{10} - LSE_{11} \qquad (4\text{-}2\text{-}15)$$

式中，LST为遥感反演地表温度，LSE_{10}为Landsat8数据第10波段的地表比辐射率，LSE_{11}为Landsat8数据第11波段的地表比辐射率，T_{10}为Landsat8数据第10波段的亮度温度，T_{10}为Landsat8数据第11波段的亮度温度，W为大气水汽含量，C_i为分窗算法系数，通过仿真或相关论文中获取，所述方法使用系数如表4-5所示。

表4-5 分窗算法系数

系数名称	C_0	C_1	C_2	C_3	C_4	C_5	C_6
系数值	-0.268	1.378	0.183	54.300	-2.238	-129.200	16.400

地表比辐射率LSE计算方法如下：

$$LSE = \varepsilon_s \times (1 - FVC) + \varepsilon_v \times FVC \qquad (4\text{-}2\text{-}16)$$

式中，LSE为地表反射率，FVC为植被覆盖度，ε_s为土壤辐射率，ε_v为植被辐射率，Landsat8多光谱影像第10、第11波段对应的辐射率如表4-6所示。

表4-6 波段辐射率

辐射率	Band10	Band11
土壤辐射率	0.971	0.977
植被辐射率	0.987	0.989

植被覆盖度FVC计算方法如下：

$$FVC = (NDVI - NDVI_{min}) / (NDVI_{max} - NDVI_{min})^2 \qquad (4-2-17)$$

式中，FVC为植被覆盖度，$NDVI$为归一化植被指数，计算方法由式（4-2-12）给出，$NDVI_{max}$和$NDVI_{min}$分别为最大、最小归一化植被指数。

基于Landsat8数据计算亮度温度T_i方法如下：

$$T_i = K_{i2} / \ln(1 + K_{i1} / I_i) \qquad (4-2-18)$$

式中，T_i为Landsat8第i波段的亮度温度，I_i为Landsat8高光谱数据第i波段的热辐射强度，K_{i1}、K_{i2}为Landsat8卫星传感器相关常量，具体数值如表4-7所示。

表4-7 Landsat8卫星传感器相关常量

常量	Band10	Band11
K_{i1}	774.89	480.89
K_{i2}	1 321.08	1 201.14

进一步，基于水平衡方程，协同卫星遥感、水流量传感器、气象数据实现高时空分辨率的土壤墒情监测，根据作物根系吸水下限、气温预报、降水量预报进行灌水计划编排及预测。所述方法监测模型如下：

$$W = W_0 + Richards(W_I) + Richards(W_P) - Richards(ET_c) \qquad (4-2-19)$$

式中，W为土壤墒情监测值，$Richards(\cdot)$为土壤水分运动方程，W_0为土壤初始含水量，通过土壤墒情仪及遥感反演估算获得，W_I为灌水量，由水流量传感器测得，W_p为降水量，由中国气象局实况数据累计获得，ET_c为蒸散量。

Richards方程具体定义如下：

$$\frac{\partial \theta}{\partial t} = \nabla \cdot (K_{(\theta)} \nabla h) \qquad (4-2-20)$$

式中，θ是土壤水分含量（体积含水量），t为时间，$K_{(\theta)}$是水分导率，通常是水分含量的函数，h为水势，与土壤水分状态相关。系统使用Richards方程来模拟农田土壤水分运动时，首先需要初始化土壤水分分布，可以通过实测数据构建，或者假设均匀分布，迭代计算过程为：

①根据当前水分含量计算水势，水分特征曲线根据Van Genuchten模型设定：

$$\theta(h) = \theta_r + \frac{\theta_s - \theta_r}{\left[1 + (|\alpha h|)^n\right]^m} \tag{4-2-21}$$

式中，θ_r是残余水分含量（通常为土壤干燥状态下的水分含量），θ_s是饱和水分含量（完全饱和状态下的水分含量），α是与土壤特性相关的参数，通常与土壤的孔隙度和毛细特性有关，n是与土壤的曲率相关的参数，通常大于1，m是与n相关的参数。

②根据水分含量计算水分导率：

$$K(h) = K_s \cdot S_e^m \left[1 - (1 - S_e^{1/n})^n\right]^2 \tag{4-2-22}$$

式中，K_s是饱和导率，S_e为有效饱和度。

③更新含水量：利用离散化的Richards方程计算下一时间步的水分含量；

④重复步骤1~3，直到达到设定的时间结束或者收敛条件。

所述方法中蒸散量ET_c计算方法如下：

$$ET_c = K_c \times ET_0 \tag{4-2-23}$$

式中，ET_c为作物蒸散量，K_c为作物系数，ET_0为作物参考蒸散量。

作物参考蒸散量实况监测基于FAO-56 Penman-Monteith（PM）算法计算获得，PM方法首先需要收集实地气象数据（包括温度、湿度、日照时数、风速、辐射等），然后进行净辐射计算（考虑太阳辐射和地面反射辐射）、饱和水蒸气压（根据温度计算）、实际水蒸气压（通过相对湿度和饱和水蒸气压得出），具体计算公式如下：

$$ET = \frac{\Delta(R_n - G) + \rho_a C_p \dfrac{(e_s - e_a)}{R_a}}{\Delta + \gamma(1 + \dfrac{R_a}{R_s})} \tag{4-2-24}$$

式中，R_n为净辐射［MJ/（m²·d）］，G为土壤热通量［MJ/（m²·d）］，Δ为饱和水蒸气压与温度的斜率（kPa/℃），ρ_a为空气密度（kg/m³），C_p为空气比热容［MJ/（kg·℃）］，e_s为饱和水蒸气压（kPa），e_a为饱和水蒸气压（kPa），R_a为空气的阻力（s/m），R_s为蒸散发的辐射阻力（s/m），γ为干燥空气的理想气象常数（kPa/℃）。

作物参考蒸散量预测量基于Hargreaves算法计算获得，Hargreaves算法只依赖每日气温数据，可以通过气象预测数据对参考作物蒸散量进行初步估算，具体计算公式如下：

$$ET = 0.0023 \times (T_{max} - T_{min}) \times (T_{mean} + 17.8) \times Ra \tag{4-2-25}$$

式中，T_{max}为每日最高气温，T_{min}为每日最低气温，T_{mean}为每日平均气温，R_a为外辐射，通过维度与日照时数计算获得。

在通过卫星遥感数据获取区域遥感水分数据后，可以通过上文中所述的土壤水分与土壤水势转化方法，以及各作物水势临界值进行区域尺度的干旱预警和灌溉提醒，该种决策结果主要用于政府指导区域农业生产使用。

4.3　土壤溶液EC决策

同水势一样，作物生长速率往往随着根际溶液EC值的升高先出现上升，随后到达一个适宜的EC值区间，随后作物生长速率随着根际溶液EC值逐渐下降（图4-6）。作物并不能在EC为零的时候获得最优的产量，因为当EC为零时往往意味着根际溶液中没有任何以离子形态存在的养分，而当EC值过高时，同干旱胁迫相似，作物将面临更高的渗透胁迫，这一胁迫将使得作物出现吸水困难和生理活性下降的迹象，从而导致作物生长速率下降。

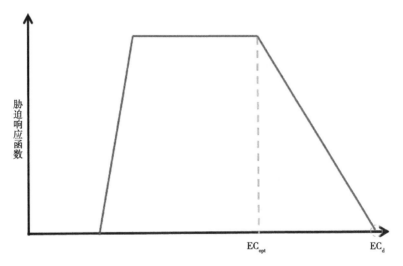

图4-6　土壤溶液EC值的胁迫响应曲线

在以往研究中，研究者往往关注胁迫开始出现的数值和胁迫达到致死程度的数值，在本书中，分别将其记为EC_{opt}和EC_d。土壤溶液调控的目的是维持EC值在EC_{opt}值或以下，以规避作物生长所面临的盐胁迫。在FAO灌溉和排水指南29号文件中（Irrigation and Drainage Paper NO. 29）对各种作物的EC_{opt}和EC_d进行了详细描述。根据这些作物对盐的耐受程度，作物被划分为极敏感作物、敏感作物、中等敏感作物、中等耐受性作物、耐受作物和极耐受性作物（表4-8）。

表4-8　不同作物类型EC响应曲线关键参数

作物类型	EC_{opt} （dS/m）	EC_d （dS/m）	产量下降 ［%/（dS/m）］
极敏感作物			
杏子	1.6	5.8	24
黑莓	1.5	6	22
博伊森莓	1.5	6	22
桃子	1.7	6.5	21
豆	1	6.3	19
杏仁	1.5	6.8	19
敏感作物			
梅子	1.5	7.1	18
草莓	1.3	7.3	17
洋葱类	1.2	7.5	16
柑橘（葡萄柚）	1.8	8.1	16
柑橘类（橙）	1.7	8	16
胡萝卜	1	8.1	14
豌豆	1.5	8.6	14
水稻	3	11.3	12
中等敏感作物			
花生	3.2	6.6	29
三叶草	2.3	7.6	19
南瓜	3.2	9.5	16
胡椒	1.6	9.3	13
南瓜，冬南瓜	1.2	8.9	13
莴苣	1.5	9.8	12
马铃薯	1.7	10	12
亚麻	1.7	10	12
玉米，甜玉米	1.7	10	12
三叶草（阿尔西克，拉迪诺，红色）	1.5	9.8	12

（续表）

作物类型	EC$_{opt}$ （dS/m）	EC$_d$ （dS/m）	产量下降 [%/（dS/m）]
大白菜	1.4	10.1	11.9
菠菜	2.6	12.2	11.9
鹰嘴豆（饲料）	2.5	11.6	11
紫云英	3	12.1	11
小萝卜	1.6	12	10.3
黄瓜	1.8	12.8	10
甘薯	2	12	10
球芽甘蓝	1.8	12.1	9.7
芹菜	2.2	14.1	9.6
蚕豆	1.6	12	9.6
狐尾	1.5	11.9	9.6
葡萄	1.5	12	9.6
西兰花	2.8	13.7	9.2
番茄	1.7	12.8	9
萝卜	0.9	12	9
爱草	2	13.9	8.4
玉米（饲料）	1.8	15.3	7.4
苜蓿	2	15.7	7.3
田菁	2.3	16.6	7
球形细胞	2.2	16.5	7
花椰菜	1.8	17.9	6.2
果园草	1.5	17.6	6.2
甘蔗	1.7	18.6	5.9
三叶草，贝尔西特	1.5	19	5.7
中等耐受性作物			
大豆	5	10	20

（续表）

作物类型	EC_{opt} (dS/m)	EC_d (dS/m)	产量下降 [%/ (dS/m)]
高粱	6.8	13.1	16
鹰嘴豆	4.9	13.2	12
南瓜、西葫芦	4.7	14.7	10
三角形，窄叶鸟脚	5	15	10
甜菜，红色	4	15.1	9
哈丁草	4.6	17.8	7.6
黑草（多年生）	5.6	18.8	7.6
普通小麦	6	20.1	7.1
大麦（饲料）	6	20.1	7.1
无芒野麦	2.7	19.4	6
羊茅	3.9	21.4	5.8
苏丹草	2.8	26.1	4.3
沙漠鹅观草	3.5	28.5	4
耐受作物			
扁穗冰草	7.5	22	6.9
百慕大草	6.9	22.5	6.4
甜菜	7	24	5.9
棉花	7.7	26.9	5.2
大麦	8	28	5
极耐受性作物			
硬质小麦	5.8	28	4.7
高冰草	7.5	31.3	4.2
枣椰	4	31.8	3.6
半矮小麦	8.6	41.9	3
芦笋	4.1	54.1	2

当前国内外主要表征土壤盐碱化程度的指标包括土壤含盐量和饱和溶液浸提液EC值（EC_e）。其中土壤含盐量（%）可采用重量法和电导率法得到，典型的重量法常用

的测定方法为采用土壤干重（g）与水体积（mL）比为1∶5进行搅拌，搅拌后进行过滤浸提，并加入双氧水除去浸提液中的有机物，将处理后的浸提液烘干得到土壤中含盐重量，电导率法则通过对处理后的浸提液采用电导率仪测定EC值，并利用EC值与盐浓度之间关系得到土壤含盐量。通常，重量法测得土壤含盐量要高于电导率法测得含盐量。而饱和溶液浸提液EC值的典型测量方法为将风干土壤边搅拌边加入去离子水，在加水过程中可以静止一定时间使得土壤中盐分充分溶解并使得土壤水分分布达到稳定状态，土壤在达到饱和时一般会发光，倾斜时略微流动，在光滑的抹刀上自由干净地滑动，据此可判断土壤是否达到饱和。饱和泥浆浸提液一般通过离心法获得，获得泥浆浸提液后使用自动温度补偿的电导率测定仪得到25℃时的EC值（Rhoades，1996；Amakor等，2014）。

为解决饱和泥浆浸提液制备经验依赖强的问题，吴月茹等（2011）提出一种新的电导率指标分析方法，该方法所采用的关系式如下：

$$EC_{1:x} = x^{-n} EC_{1:1}, \quad n < 1 \qquad (4-3-1)$$

式中，$EC_{1:x}$是土水比为1∶x时测定的土壤溶液电导率；n为需要通过试验测定的一个参数，当且仅当$x = \varepsilon \rho w / (1-\varepsilon) \rho s$时，其对应的电导率为土壤饱和溶液电导率，即$EC_{sat} = EC_{1:x}$。其中$\varepsilon$为土壤孔隙度，$\rho s$为土壤颗粒密度，$\rho w$为水的密度。使用3个或更多不同土水比的土壤浸提液电导率（$EC_{1:x}$, $x = 1-5$）进行回归分析可以得到$EC_{1:x}$。土壤饱和溶液电导率可以采用土水比=1∶2的浸提液与土壤养分溶液一同进行测定（见4.4.3），并使用该方法换算为土壤饱和溶液电导率。

在根据土壤EC值进行施肥时，通常会遇到一种情形，那就是土壤本底的EC值过高，这通常是由于土壤盐度积累过高导致的。土壤中积累的盐分可能来自河流湖泊、地下水灌溉，也可能来自化肥的施用，当这些盐离子超出了植物的吸收能力，且无法被其他因素清除，就会随着水分蒸发在土壤中不断聚集，最终导致土壤盐渍化。当前，全球陆地盐碱化面积已经达到十亿公顷，约占地球陆地面积的7%，集中分布在非洲、亚洲、大洋洲和南美洲等地，盐碱地面积较大的国家和地区有澳大利亚、哈萨克斯坦、中国、伊朗、阿根廷等（Hopmans et al.，2021；郗金标等，2006）。我国盐碱地总面积达9 913万公顷，约占全国土地面积的1/10，分布在23个省（区、市）（朱建峰等，2018；王遵亲等，1993）。对于农业而言，当土壤发生盐渍化后，只有少部分作物能吸收后续的肥料，而绝大部分的肥料会随水流失或被土壤固定，造成减产和品质恶化、生态系统初级生产力降低和土地荒漠化等问题。对于土壤本底EC值超过目标作物最适宜EC值的情况下，往往需要进行盐化土壤的改良，以降低土壤的本底EC值。这些降低土壤本底EC值的方法通常包括：①洗盐：把水灌到盐碱地里，使土壤盐分溶解，通过下渗把表土层中的可溶性盐碱排到深层土中或淋洗出去，侧渗入排水沟加以排除；②深耕深翻：盐分在土壤中的分布情况为地表层多，下层少，经过耕翻，可把表层土壤中盐分翻扣到耕层下边，把下层含盐较少的土壤翻到表面；③耙地：耙地可疏松表土，截断土壤毛细管水向地表输送盐分，起到防止返盐的作用。

4.4 土壤溶液养分决策

4.4.1 土壤溶液养分决策的核心算法

在现代施肥体系中，对于不同场景通常采用不同的施肥方式（图4-7）。对于粮食作物生产而言，大部分粮食地块基肥施用以氮磷钾为主，在少部分养分贫瘠土壤会考虑硫钙镁的补充，微量元素很少在基肥中考虑施用。而在追肥中，主要以氮肥追施为主，在少部分钾流失相对严重的地块会考虑钾肥施用，但一般很少进行磷肥的追施，因为磷在土壤中相对稳定，其在水中的溶解性较低，很少会产生液态流失，其也不会产生气体挥发等气体损失。氮肥是作物需求量最大，同时也是最容易损失的元素，其可以以淋溶形式从根层土壤流失到非根层土壤或进入地下水，也可以通过氨挥发、氧化亚氮排放等形式以气体形式损失。在粮食生产航化作业中，通常考虑微量元素的补充，同时也会进行钾元素的补充，通过航化作业-叶面吸收方式进行微量元素施用可以有效规避土壤施用微量元素所带来的损失，降低微量元素使用成本。微量元素通常以氨基酸等螯合态的形态进行喷施，最大程度保障作物利用率。粮食生产进行钾元素喷施的主要原因是钾肥是一种抗逆元素，在缓解粮食生产干热风、延缓作物衰老方面具有重要作用。在当前的粮食作物施肥中，经过测土配方等技术多年推广和应用基肥的使用已经形成了较为完善的施肥方案，而无人机航化施肥主要以经验施肥为主，对于大部分粮食作物生产地块而言，土壤溶液中的氮含量监测调节是最为重要的环节。因此，在粮食作物生产中通常以氮元素含量作为监测和调控的主要对象。在经济作物土壤栽培中，基肥、追肥通常都需

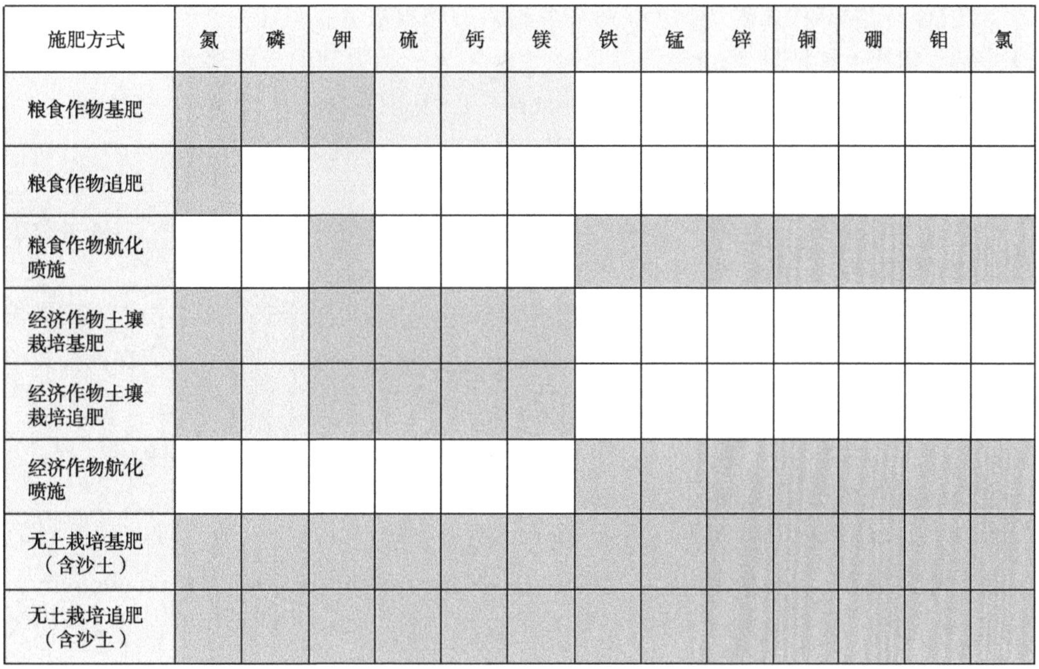

施肥方式	氮	磷	钾	硫	钙	镁	铁	锰	锌	铜	硼	钼	氯
粮食作物基肥													
粮食作物追肥													
粮食作物航化喷施													
经济作物土壤栽培基肥													
经济作物土壤栽培追肥													
经济作物航化喷施													
无土栽培基肥（含沙土）													
无土栽培追肥（含沙土）													

图4-7 不同生产场景中不同营养元素的施用

要考虑大量元素和中量元素，而微量元素通常以经验施肥方法进行补充，通常通过叶面肥方式进行补充，而在经济作物无土栽培中由于栽培基质通常不具备微量元素的供应能力，无论是在基肥和追肥中都需要考虑大、中、微量元素的补充。因此，普适性施肥决策模型的构建应该具有大、中、微量元素的决策能力，尽管目前国内外已经发展了诸多具有养分周转模块的相关模型，但尚未具有普适性的决策原理和决策方法。

基于上述分析，本书提出一种普适性的土壤溶液养分监测和决策方法。该方法的核心假设是作物某一时间内在作物蒸腾拉力下所吸收水分中含有的养分应大于或等于作物该段时间内的生物量积累所需要养分，在该养分供应条件下，作物可以获得最佳的生长速率。根据这一假设，土壤溶液中最适宜的养分浓度（A_s）可以用下列公式表达：

$$T_p \times A_s = \Delta DM \times A_c \qquad （4-4-1）$$

$$A_s = (\Delta DM \times A_c) / T_p \qquad （4-4-2）$$

式中，T_p 为作物蒸腾耗水量（L），A_s 为土壤溶液中的元素浓度（mmol/L），ΔDM 为某一段时间的干物质增长量（kg），A_c 为作物中该元素的临界含量（mmol/kg）。

对施肥量进行推导，可以得到施肥量可用下列公式表达：

$$F_M = \frac{A_s - A_m}{Q_e} \qquad （4-4-3）$$

式中，F_M 为某种元素每100 m²所需要投入的肥料数量，单位为千克，A_s 为土壤溶液需要达到的最佳浓度（mmol/L），A_m 为经过分析所得到的土壤溶液中的元素浓度（mmol/L），Q_e 为元素浓度增加系数［mmol/（L·kg）］。

将公式4-4-2代入公式4-4-3，可以得到计算肥料投入的公式如下：

$$F_M = \frac{(\Delta DM \times A_c) / T_p - A_m}{Q_e} \qquad （4-4-4）$$

通过公式4-4-4可知，在计算投入肥料数量时，需要知道未来时段作物干物质增长量、作物各养分元素含量、作物蒸腾量和测得的土壤溶液中元素含量，然而在该公式中仍需要存在干物质增长量这一难以测量的指标。

为了解决该问题，作者引入了作物水分生产力（Biomass water productivity，WP）的指标，作物水分生产力指的是作物干物质增长与作物蒸腾量的比值。对于特定作物，作物单位耗水干物质积累量是一定的。FAO对作物水分生产力进行了相关标准化工作，对于不同作物建立了标准化作物水分生产力（Normalized biomass water productivity，WP*）数据库，WP*值和DM之间的关系可以用公式4-4-5进行表达，将4-4-5代入4-4-4，可得到最终的施肥量计算公式4-4-6。

$$\Delta DM = WP^* \left(\frac{T_p}{ET_0} \right) \qquad (4\text{-}4\text{-}5)$$

$$F_M = \frac{(WP^* \times A_c) / ET_0 - A_m}{Q_e} \qquad (4\text{-}4\text{-}6)$$

经过转化后，施肥量决策所需参数变为标准化作物水分生产力（WP^*）、作物某一时期的养分元素含量（A_c）、参考作物蒸散量（ET_0）和根际溶液养分浓度测定值（A_m）。上述参数均为较易获取的参数，有效减少了施肥决策所需参数获取难度。

4.4.2 标准化作物水分生产力

在FAO所提出的标准化作物水分生产力中，其假设作物进入产量形成阶段，如果其所形成的器官富含油脂或者蛋白质，单位干物质形成需要消耗比合成碳水化合物更多的能量（Azam和Squire，2002）。因此，作物通常需要两个不同的WP^*值来适用不同作物生长阶段的水分生产力差异。通常将产量形成阶段的前1/3时间作为过渡时间，处于过渡时间的WP^*值采用两个阶段的线性插值。在表4-9中，列举了部分作物生育前期和产量形成阶段的WP^*值。

表4-9 不同作物生育前期标准化作物水分生产力（WP*1）及产量形成阶段比例（WP*2）示例

作物名称	WP*1	WP*2
小麦	15	15
棉花	10.5	15
玉米	33.7	33.7
马铃薯	20	20
水稻	19	19
大豆	9	15
向日葵	10.8	18
番茄	18	18

4.4.3 土壤溶液养分浓度测定

随着土壤检测技术的不断发展，土壤检测的方便性逐渐提高。在诸多土壤养分检测方法中，离子选择性电极是最适合数字化土壤信息获取的一种检测方法，相比利用分光光度计和原子吸收仪等检测方法，具有检测周期短的显著特点，相比拉曼光谱等快速检测方法，具有成本低廉的特点。并且离子选择性电极的电信号可非常便捷地通过RS485等通信模块进行传递。离子选择性电极的主要原理是利用膜电势测定溶液中离子的活度或浓度，当它和含待测离子的溶液接触时，在它的敏感膜和溶液的相界面上产生与该离子活度直接有关的膜电势，在相关传感器产品中配置的离子选择电极和参比电极中产生电势差，由导线传递电信号，从而获取离子的浓度信息。常见的养分离子，如硝酸离子、铵离子、钾离子、钙离子、镁离子等均有相应的离子选择性电极。

对土壤溶液进行测定时，通常需要考虑土壤与水的浸提比例。最为经典的测试方法是由荷兰瓦赫宁根大学开发的土水体积比1：2浸提法，该方法是将1份新鲜土壤加入2份体积的水中，充分摇匀将悬浮液过滤，得到浸提液用于测定土壤中的有效养分。在田间取样时，通常以"W"形采取土壤样品，在每个采集点在0～60 cm以每20 cm间隔进行取样，而在温室中仅进行0～20 cm取样，通常每隔2～3周进行一次检测。在欧洲进行土壤检测的成本为110～140欧元/hm²，测试结果反馈时间为1周。而采用离子选择电极明显可以降低检测成本和反馈周期。经过检测后，往往根据表4-10中的Q_e值进行元素添加。

表4-10　不同作物的元素浓度增加系数（Q_e）

营养元素	元素浓度增加量（mmol/L）
N	1.79
S	0.78
K	0.64
Ca	0.62
Mg	1.03

注：元素浓度增加系数指的是每100 m²各元素增加1 kg投入量所能提高的1：2土壤溶液提取液的元素浓度。

对于土壤溶液中元素增加所引起的EC值增加（$\triangle EC$，ds/m）（表4-11），可以用溶液中离子效价总数变化量（$\triangle C^+$，mmol/L）近似估计：

$$\triangle EC \approx 0.1 \triangle C^+ \qquad (4-4-7)$$

养分元素添加时，应确保土壤溶液的EC变化值在作物适宜EC临界点以下。

表4-11　土壤溶液的EC和养分含量与土水体积比1：2提取液中EC和养分含量的线性相关关系（Sonneveld，1990）

指标	回归方程	r
EC	$y=3.12x+0.84$	0.886
NH₄	$y=3.23x+0.05$	0.782
K	$y=3.38x-0.80$	0.922
Na	$y=4.04x-1.12$	0.929

（续表）

指标	回归方程	r
Ca	$y=2.53x+7.86$	0.811
Mg	$y=3.48x+1.86$	0.876
NO_3	$y=5.09x+0.14$	0.899
Cl	$y=6.15x-2.04$	0.952
SO_4	$y=1.47x+8.67$	0.779
P	$y=1.78-0.09$	0.936

注：EC单位为dS/m，离子浓度单位为mmol/L。

4.4.4 作物养分元素含量和参考作物蒸散量

对于作物的养分元素含量，最为通用的测试方法是对高产或正常生长条件下的植株进行测定，以此得到作物生长所需养分含量。已有一些典型的获取作物养分元素含量的研究，李书田等（2022）采用文献检索和实地调查采样、测定相结合的方法得到生产1 t白菜的N、P、K最佳需求量分别为1.96 kg、0.41 kg、2.39 kg，生产1 t萝卜肉质根的N、P、K最佳需求量分别为2.2 kg、0.4 kg、2.6 kg，生产1 t设施番茄果实的N、P、K最佳需求量分别为2.19 kg、0.56 kg、3.36 kg，生产1 t大葱的N、P、K最佳需求量分别为1.92 kg、0.28 kg、1.69 kg。同一种作物在不同生育时期会因为器官生长发育的养分需求差异而产生不同的养分需求差异，表4-12以冬小麦为例，给出了不同生育时期的N、P、K需求差异（于振文等，2003）。参考作物蒸散量（ET_0）如前文所述，可采用彭曼公式（4-2-24）或Hargreaves算法（4-2-25）等进行计算。

表4-12 同一种作物在不同生育时期养分需求差异（冬小麦为例）

生育时期	干物质（kg/hm²）	N		P₂O₅		K₂O	
		kg/hm²	累积量（%）	kg/hm²	累积量（%）	kg/hm²	累积量（%）
三叶期	168.0	7.65	3.76	2.70	3.08	7.80	3.32
越冬期	841.5	30.45	14.98	11.55	13.18	30.75	13.11
返青期	846.0	30.90	15.20	10.65	12.16	24.30	10.36
起身期	768.0	34.65	17.05	14.55	16.61	33.90	14.45
拔节期	2 529.0	88.50	43.54	25.20	28.77	96.90	41.30
孕穗期	6 307.5	162.75	80.07	49.80	56.85	214.20	91.30
抽穗期	7 428.0	170.10	83.69	54.00	61.64	234.60	100.00
开花期	7 956.0	164.7	81.03	57.30	65.41	206.10	87.85

（续表）

生育时期	干物质（kg/hm²）	N		P₂O₅		K₂O	
		kg/hm²	累积量（%）	kg/hm²	累积量（%）	kg/hm²	累积量（%）
花后20 d	12 640.5	180.75	88.93	67.20	76.71	184.65	78.71
成熟期	15 516.0	203.25	100.00	87.60	100.00	191.55	81.65

4.5 土壤溶液pH决策

土壤酸碱度一般分为酸性、中性和碱性土壤，过酸或过碱对土壤肥力和作物生长都有很大的影响，不同作物具有不同的适宜pH范围（表4-13）。我国南方的红壤、黄壤多表现为酸性，北方土壤一般为中性或碱性。在正常的范围内，土壤会由于pH值的变化而导致溶液中各离子浓度发生变化，影响作物吸收；氮元素在pH值为6～8时有效性较高，磷在6.5～7.5时有效性较高；酸性土壤容易致使钾、钙、镁离子流失，当土壤pH值在6～8时钙、镁的有效性高，铁、铜、锰、锌等微量元素在酸性土壤中有效性较好。

表4-13 不同作物适宜pH范围

pH7.0～8.0	pH6.5～7.5	pH6.0～7.0	pH5.5～6.5	pH5.0～6.0
紫苜蓿	棉花	蚕豆	水稻	马铃薯
田青	大麦	豌豆	油茶	亚麻
大豆	小麦	甘蔗	花生	荞麦
大麦	大豆	桑树	紫云英	西瓜
黄花苜蓿	黄花苜蓿	桃树	柑橘	烟草
甜菜	苹果	玉米	苕子	凤梨
金花菜	玉米	苹果	芝麻	草莓
芦笋	蚕豆	苕子	黑麦	杜鹃花
莴苣	豌豆	水稻	小米	羊齿类
花椰菜	甘蓝		萝卜	

当土壤溶液pH值不在作物适宜生长范围内时，往往需要采取相应措施进行土壤酸碱性调节，常见的调酸措施包括硫磺调酸、木醋调酸、草炭调酸、硫酸亚铁和硫酸铝等酸性肥料调酸、硫酸加入灌溉水调酸等措施，当pH值过低时，通常会使用石灰提高土壤pH值。

4.6 最佳土壤溶液决策产生过程

图4-8中汇总了"最佳土壤溶液"水肥决策模型产生水肥决策的总体过程,最佳土壤溶液水肥决策所需要的监测/预测数据主要包括:①用于ET_0和降水量输入的气象预测数据;②直接的水势监测数据或者可以转化为土壤水势的土壤含水量监测数据;③土壤溶液养分、EC值监测数据(为方便监测,建议采用由荷兰瓦格宁根大学建立的1:2土水比提取法同步继续养分离子和EC值测量);④土壤pH测定数据。为驱动模型计算,需要的数据库支持包括:①作物的最佳水势数据库;②标准化水分生产力数据库;③作物养分需求数据库;④作物适宜EC、pH数据库。在这些监测/预测数据和数据库的驱动下,决策模型将产生施肥量、灌溉量的决策信息,同时如果酸碱、EC本底值不适合作物种植,将建议种植者采取相应的土壤改良措施。需要注意的是,最佳土壤溶液水肥决策模型不同于在第3章提到的需要众多公式和输入数据的机理模型,其对整个水肥决策过程进行了最大程度地简化,同时利用直接采集数据替代模拟数据保障决策的准确性,这使得使用者不仅可以利用简单的编程自行构建决策软件,还可以在完全没有编程经验的条件下,利用Excel等工具轻松地完成相关数据运算。

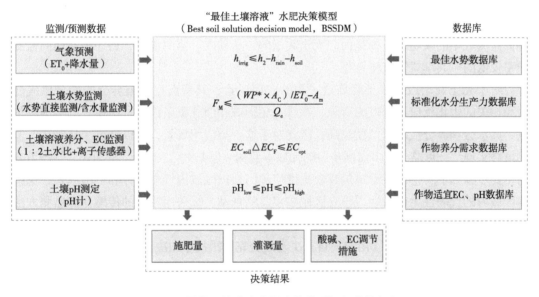

图4-8 最佳土壤溶液水肥决策模型运行整体框架

在适应性方面,最佳土壤溶液管理最为适合具备水肥一体实施条件的灌溉农业生产,但其也可经过改造后用于旱作农业施肥。在具备水肥一体实施条件的灌溉农业中,可以通过对土壤溶液性质的高频率监测和水肥供应,最大程度地维持可被作物吸收的土壤溶液处于最佳状态。在具体实施过程中,又因生产场景不同而采用不同的监测、调控方式,其中在粮食作物生产中,往往将部分氮肥和全部的磷、钾和其他肥料作为基肥施用,而将剩余氮肥在生育进程中进行追施,因此,对于粮食生产只需要对溶液氮浓度进行监测，而对于经济作物生产，往往需要在溶液氮浓度监测基础上同步进行其他元素的监测。理论上，利用最佳土壤溶液理论进行监测、调控的频率越高，其与最佳溶液之间的偏离越小。

在旱作农业中，降水是唯一的水源，氮肥追施往往只能在降雨前以固体形式施用，因此在旱作农业中往往需要被动地将灌溉农业中的灌溉量替换成降水量，进行相关计算，这一过程往往需要借助气象预测信息，在已知两次降雨之间气象信息的条件下，通过公式（4-4-7）进行施肥量的计算，并通过EC约束条件对施肥量进行约束。需要注意的是，旱作农业中往往不能如同灌溉农业一样，高频率地进行肥料投入，因此在管理时的管理目标并不是初始的EC值达到作物生长的EC，而是需要保障两次施肥之间的平均EC值处于最佳状态，在具体计算过程中需要考虑作物吸收项对溶液离子浓度和对应EC值的降低作用。在旱作农业中，最佳土壤溶液理论除了可以用来施肥决策以外，还可以反向应用于根据气候预测结果进行种植作物类型和品种的决策。

4.7 进一步降低监测成本的策略

虽然最佳土壤溶液水肥决策在数据需求方面已经进行了最大程度的简化，但在实际应用时，仍然不可避免地产生监测设备购置的相关成本，为此，本书提出了两种进一步降低监测成本的策略，一种是面向无土栽培的"从动式"监测策略，另一种是面向监测频率较低的"共享式"监测策略。

对于无土栽培或者沙土栽培这一类的应用场景，其特点是土壤养分的养分供应能力和相关的生化反应过程较为有限，在具备相同或相似气象条件和种植模式的不同种植点，其水分和养分波动相似度较高，因此对于这一类应用场景，可以通过"从动法"监测策略实现"一点监测、多点同步"的无成本监测（图4-9）。实现"从动式"管理策略的主要步骤如下：①由科研单位或农技推广部门根据区域内气象条件和种植模式，选择本区域内的代表性生产基地，设立区域数字监测基站；②采用相应的传感器和监测方法在基站内进行实际测量，并产生相应的决策信息；③基站将相应的监测数据和决策信息以共享方式推送给农户；④由农户自行决定是否完全跟从基站决策或者进行修改后跟从；

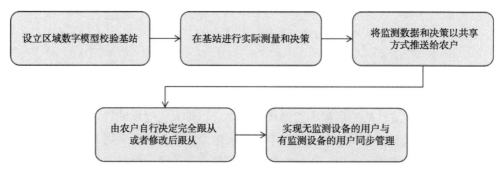

图4-9 面向无土栽培或沙土栽培的"从动式"监测策略

⑤农户对决策结果完全跟从或者修改后将决策推送至执行设备，以此实现无监测设备的用户与有监测设备的用户同步管理。

对于低监测频率需求的应用场景，如小麦、玉米等粮食作物，在整个生育期每个农户往往仅需要进行为数不多的几次监测和决策，在这种场景下，可以采用"共享式"监测策略来进行监测设备监测成本的控制（图4-10）。实现"共享式"监测策略的主要步骤如下：①以乡镇或村为单位，设立监测设备共享站，在共享站可以采用公益性免费或者时长计费的方式安置墒情监测仪、EC、pH和离子传感器等仪器设备；②由农户在需要进行灌溉、施肥策略调整时取用设备；③由农户利用监测设备自行开展监测，获取监测数据。通过"从动式"和"共享式"的监测策略，可以完成大多数应用场景的无成本或低成本数据监测。

图4-10　面向低监测频率需求的"共享式"监测策略

本章系统性地提出了"最佳土壤溶液"水肥决策模型（Best soil solution decision model，BSSDM）及以土壤水势、养分含量、EC和pH进行协同监测和调控的调控目标和调控方法。该模型以物联网探测信息作为直接输入参数进行决策，相比于参数需求繁多且缺乏普适性的机理决策模型，在实际应用中可更为准确、更为普适地进行水肥决策，并且借助"从动式"和"共享式"监测策略，可以实现无成本或低成本的决策所需数据获取。"最佳土壤溶液"水肥决策模型和"从动式"和"共享式"监测策略在实际生产中的应用，有望推动数字水肥管理技术从科学研究走向大规模生产应用，为农业低碳绿色发展和无人、少人农业发展提供有力技术支撑。

第5章

最佳土壤溶液管理的信息化实现

第4章提出了"最佳土壤溶液"水肥决策方法，然而在具体应用时，如何通过信息化技术手段，对相应的监测和决策进行信息化实现，仍是实际应用环节中的问题。本章首先介绍了最佳土壤溶液管理的信息化实现整体方案，以及最佳土壤溶液管理的数据采集与硬件控制信号传输实现，并介绍了最佳土壤溶液管理的支撑设备。在这些方案的支持下，可以完成最佳溶液管理信息采集、管理决策和决策执行的闭环。

5.1 最佳土壤溶液管理的信息化实现整体方案

最佳土壤溶液管理的信息化实现方案主要包括用户层、应用层、数据层、网络层与感知控制层（图5-1）。其中在用户层上，系统可能面向的用户包括政府管理人员、规模种植农场主、分散经营农户和农业服务组织。其中政府管理人员可以利用基于最佳土壤溶液管理的信息化平台对区域内的灌溉与施肥情况进行统计调研，也可通过系统对农户进行远程指导。规模种植农场主和分散经营农户是系统的主要应用对象，其可利用相关系统进行远程水肥管理。随着农业托管行业的逐步发展，农业服务组织成为相关系统的第四类可能用户，其可以通过相关系统对农户托管的农田进行远程管理。在应用层，最佳土壤溶液管理的信息化实现方案主要需要建设两个子系统，一个系统是基于最佳土壤溶液管理理论的水肥管理决策支持系统，另一个系统是在决策形成后，供决策执行的水肥控制系统。

根据第4章的最佳土壤溶液管理模型，驱动相关系统所需要的主要数据包括基础数据、临界水势参数数据库、临界EC参数数据库、标准化作物水分生产力数据库、养分需求曲线数据库、临界pH数据库等。在感知层，系统利用土壤水分、EC值、土壤养分离子浓度、溶液pH等数据，以及蒸散、降雨预测相关预测数据进行感知和预测。借助决策系统，这些数据能够生成具体的决策结果。决策结果产生后，将通过智能网关、阀门控制器、机井控制器、自动施肥机以及灌溉设备等执行装备来实施这些决策。网络层主要通过以太网、Wi-Fi、4G/3G/GPRS等方式接入应用层的物联网平台，网络层作为系统的中间层，负责将感知层设备的数据上传到应用层，同时将应用层的控制指令下发给感知层设备。

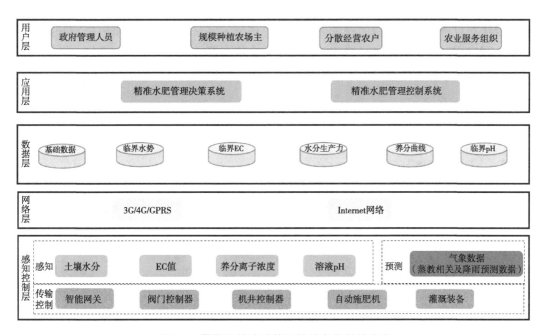

图5-1 最佳土壤溶液管理的信息化整体方案

5.2 最佳土壤溶液管理的信号传输

5.2.1 物联网平台

最佳土壤溶液管理是一个依靠物联网设备和物联网平台运行的水肥管理系统，在管理过程中设备直接的连接和数据交互都是通过物联网平台完成的，物联网平台为最佳土壤溶液管理决策和控制系统的运行提供了基础支持。

系统物联网平台支持设备直连以及系统级联，设备直连需要在终端侧嵌入平台

SDK，上传数据至平台设备接入模块，系统级联需要将系统api接口数据同步至物联网平台数字集成模块，由数字集成模块将物联数据同步至设备接入模块，在最佳土壤溶液管理决策和控制中，土壤水分传感器、EC传感器、pH传感器、离子传感器和各灌溉设备一般以设备直连方式连接至物联网平台，而气象站监测数据和预测数据一般通过api接口数据同步至物联网平台（图5-2）。当前国内较为成熟的物联网平台包括阿里云、华为、中移物联、中国联通物联网、天翼物联、百度智能云等。这些物联网平台大多都支持多种入网模式，兼容2G、4G、5G、NB-IoT、无线蜂窝网络接入、固定宽带接入、Wi-Fi网络等多种接入模式，支持主流协议支持，支持通用MQTT/HTTP协议设备接入，提供接入SDK快速完成协议适配，并且可提供端到端安全认证机制，支持对接入平台的设备鉴权和接收设备上报的数据，提供设备访问信息鉴权认证。虽然最佳土壤溶液管理中并没有涉及视频监测，但在一些应用案例中，往往需要视频监测进行作物生长状况监测，相应的视频数据通过萤石云拉流完成接入。设备接入后，可通过物联网平台的设备管理模块对设备进行全生命周期管理，通过应用融合模块进行数据审批后将物联数据同步至上层应用。在决策系统形成相关决策后，会将决策结果推送至控制系统，并由控制系统经物联网平台推送至相关水肥管理设备，进行相应的水肥管理动作。

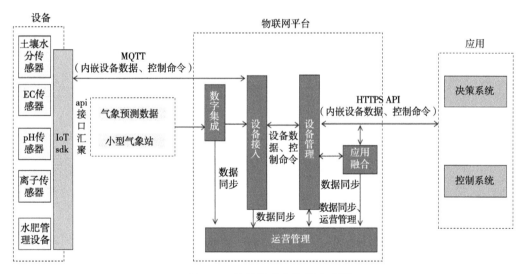

图5-2 物联网平台作用示意图

5.2.2 田间设备组网

在田间布设传感器时，如果所有的传感器和控制器都单独链接物联网平台，会产生较高的设备成本和通信成本。因此，在将多个传感器和控制器布设于田间时，通常需要布设网关，布设于田间的传感器及控制设备完成与网关的组网后，再由网关完成与物联网平台的通信，以此降低设备成本和通信成本。

5.2.2.1 田间设备组网协议

田间设备组网通常需要综合考虑多个关键因素以确保系统的高效性和可靠性。首先，选择合适的通信协议，以满足数据传输距离和环境条件的需求。其次，明确所需的设备类型，包括传感器和执行器，以实现精准监测和控制。同时，网络覆盖范围必须足够广，以避免盲区。最后，功耗管理也是重要因素，低功耗设备可以延长电池寿命，减少维护频率。当前，常用的设备组网协议有LORA、TPUNB、Zigbee、NB-IoT等：

（1）LORA

一种低功耗广域网络（LPWAN）通信协议，专为物联网应用设计，特别适合需要远距离传输的场景。其核心特点是能够在低功耗状态下实现长达2~15 km的通信距离，适合城市和农村等广泛区域的设备连接。LORA使用扩频调制技术，能够有效提高信号的抗干扰能力，确保在复杂环境中的稳定传输。该协议支持大规模设备连接，允许数千个设备同时在同一网络中运行，适合智能农业、环境监测、资产追踪等应用。LORA网络通常由多个基站组成，通过网关将数据传输到云平台进行处理和分析。此外，LORA协议的低功耗特性使得设备可以长时间运行，减少了维护频率。

（2）TPUNB

一种专为物联网应用设计的低功耗广域网络（LPWAN）协议，旨在满足大规模设备连接和长距离通信的需求。该协议具有低功耗特性，适合电池供电的设备，能够在不频繁更换电池的情况下长期运行。TPUNB支持广域覆盖，可以在城市和农村等多种环境中有效传输数据，穿透力强，适合农业、环境监测和智能城市等应用场景。其设计允许大量设备同时连接，适应大规模物联网部署的需求。TPUNB的低数据速率使其特别适合小数据包的传输，如传感器数据和状态信息。

（3）Zigbee

一种基于IEEE 802.15.4标准的低功耗无线通信协议，专为短距离设备间的低速数据传输而设计。它适合家庭自动化、智能照明、环境监测和工业控制等应用，因其支持自组网能力，使得设备可以自动连接和配置，便于扩展。Zigbee的通信范围通常在10~100 m，适合小型网络，因此在智能家居和办公室环境中表现优异。该协议具有较低的功耗，允许设备在电池供电下长时间运行，延长了设备的使用寿命。Zigbee支持多种网络拓扑结构，包括星形、网状和点对点，使其灵活适应不同的应用场景。然而，Zigbee的网络容量有限，通常支持数十到几百个设备连接，不适合大规模部署。此外，传输速率较低（最高可达250 kbps），不适合大数据量的实时传输。

（4）NB-IoT

一种基于蜂窝网络的低功耗广域网络（LPWAN）协议，专为物联网应用设计。它利用现有的蜂窝基础设施，提供广泛的网络覆盖和高连接密度，适合城市和偏远地区的应用。NB-IoT的主要特点是低功耗、低成本和高安全性，设备可以在电池供电的情况下长时间运行，通常可达数年。该协议支持大量设备的同时连接，能够满足数十万设备在同一网络中的通信需求，适用于智能表计、资产追踪、环境监测等场景。

表5-1是主流设备组网协议汇总对比,分析田间设备安装特性,要求传输距离在2 km以上,进一步考虑在田间供电不方便,要求传输协议可以实现低功耗,最后还需要考虑成本问题。通过分析表格,ZigBee协议传输距离太短,NB-IoT协议需要依托于蜂窝网络,部署成本较高,LoRa与TPUNB协议可以满足田间水肥决策系统的诉求,其中LoRa是Semtech公司开发的一种低功耗局域网无线标准,而TPUNB是国有100%自主可控的无线窄带通信系统,也是目前国内真正从物理层、链路层到平台层统一设计,由"底层"+"系统"两大能力共同驱动的全栈式物联网窄带通信系统。由于LoRa、ZigBee和NB-IoT的介绍在其他资料中较为丰富,下文将主要对TPUNB组网下的设备进行介绍。

表5-1　主流设备组网协议

协议	LoRa	TPUNB	ZigBee	NB-IoT
组网方式	LoRa网关	TPUNB网关	ZigBee网关	蜂窝网络
网络部署方式	网关+节点	网关+节点	网关+节点	节点
传输距离	远距离,城区2 km,郊区20 km	远距离,城区3 km,郊区10 km	短距离,100 m	远距离,10 km
传输速度	0.3~50 kbps	0.2~30 kbps	20~250 kbps	160~250 kbps
功耗	低	低	低	中
适用场景	智能农业、环境监测	智能农业、城市基础设施	家庭自动化、办公室	智能表计、资产追踪
优缺点	远距离、低功耗,但数据传输速率低	低功耗、广域覆盖,但数据传输速率低	低功耗、自组网,但距离短	广域覆盖、高安全性,但成本高

5.2.2.2　数据网关

数据网关在水肥管理系统中起着关键作用,它负责收集、处理和传输来自各类传感器和设备的数据,并将这些信息汇总并发送到云端或本地服务器进行分析。通过数据网关,系统能够实现实时监控和远程管理,优化灌溉和施肥策略,提高资源利用效率。此外,数据网关还支持不同通信协议的转换,确保各设备之间的无缝连接,从而提升整体系统的智能化水平和可操作性。

TPUNB组网下的数据网关设计分为几大模块:主控芯片、电源模块、TPUNB网关模组、4G通信模块,整体设计如图5-3所示。

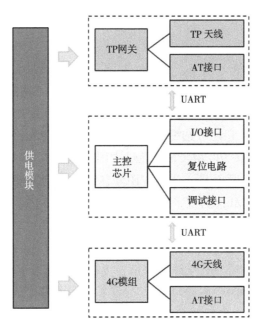

图5-3　数据网关整体设计

（1）主控芯片

数据网关需要具备足够的算力，以支持多种协议的转换、数据处理和边缘计算，通常要求高频率和多核设计。TPUNB组网下的数据网关通常基于Sigmastar SSD202D芯片开发，SSD202D是一款高度集成的嵌入式SoC芯片，基于双核ARM Cortex-A7架构，主频高达1.2GHz，配备32KBI-Cache、32KBD-Cache以及256KB L2缓存，内置Neon和FPU，支持DMA引擎。

（2）TPUNB网关模组

田间设备组网距离较远，同时环境较为复杂，对网关模组的发射功率有一定的要求，同时要兼顾低功耗设计。TPUNB组网下的网关模组通常使用技象科技TP2210-M30模组，它是一款工作在470～510 MHz频段的无线通信模块，具备可配置的发射功率（在5.0～6.0 V电压下可达30 dBm），以及-118 dBm的接收灵敏度。它采用FSK调制方式，支持小于200 kHz的单载波工作带宽（同样可配置），并提供两种空口速率配置：2.4 ksps上行/19.2 ksps下行或76.8 ksps双向。天线接口包括LCC焊盘和IPEX类型。模块能在-40℃～70℃的温度范围内工作，储存温度范围则为-40℃～90℃。其尺寸为40.5 mm×25 mm×4.4 mm，共有18个管脚，采用LCC SMT表贴封装方式。提供的接口包括AT串口（TTL电平，9 600 bps波特率）、调试串口（TTL电平，115 200 bps波特率）、RI信号、Wake信号、LED指示网络状态以及SWD烧录调试功能。在5 V电压下，发射时的典型工作电流为1 000 mA，接收时为55 mA。模块的工作电压范围是5.0～6.0 V，典型应用电压为5.0 V。

（3）4G通信模组

数据网关需要通过4G网络连接服务器进行数据上传，TPUNB组网下的4G通信模块通常使用Quectel EC200 M-CN，它是一款LTE Cat 1模块，采用LCC封装，尺寸为29.0 mm×32.0 mm×2.4 mm，重量大约为4.1 g。模块的工作温度范围是-35~75℃，而扩展温度范围是-40~85℃。支持的网络频段包括LTE-FDD的B1/3/5/8和LTE-TDD的B34/38/39/40/41。此外，它还可选配BDS/GPS/GLONASS/QZSS GNSS和蓝牙5.0低功耗蓝牙。在认证方面，EC200 M-CN已通过中国的SRRC、NAL、CCC强制认证，并且已获得中国运营商的入库认证，以及WHQL认证。数据传输速率方面，LTE-FDD支持最高10 Mbps下行和5 Mbps上行，而LTE-TDD支持最高8.96 Mbps下行和3.1 Mbps上行。模块提供多种接口，包括2个USIM卡槽（支持1.8/3.0 V），2个UART（主串口和调试串口），1个USB 2.0接口，2个ADC，2个SPID，1个可选的I2C，4个PWM，1个可选的摄像头接口，1个5×5矩阵键盘接口，以及可选的数字音频（PCM）和模拟音频（包括1个麦克风输入和1个听筒输出）。此外，还提供3个天线接口，包括主天线、可选的GNSS和蓝牙天线。电气特性方面，供电电压为3.4~4.3 V，典型值为3.8 V。功耗方面，关机状态下为40 µA，LTE-FDD休眠状态下为1.11 mA（PF=128）或1.01 mA（PF=256），LTE-TDD空闲状态下为17.99 mA（USB断开）或29.65 mA（USB连接）。

5.2.3 感知系统信号传输

在数字水肥管理中，感知系统起到实时监测和数据传输的作用，其工作原理可以概括为以下几个步骤：首先，感知系统通过连接各种传感器（如温度、湿度、流量等）收集环境或设备的物理数据。这些传感器将物理量转换为电信号，数据传输单元（DTU，Data Transfer Unit）负责将这些信号进行采集。然后，DTU对收集到的原始数据进行初步处理，包括滤波、校正和格式转换，以确保数据的准确性和一致性。处理后的数据会被临时存储，以防在传输过程中出现丢失。数据传输是DTU的关键功能之一，通过无线或有线网络将处理后的数据传输到网关，然后由网关将数据转发至云平台，或通过4G/3G/GPRS信号直接汇聚至云平台，便于后续分析与存储。在中央服务器，数据可以进行进一步分析和可视化，用户可以实时监控设备状态和环境变化。

数据采集器设计分为几大模块：主控芯片、电源模块、透传模组、通信模块，整体设计如图5-4所示。

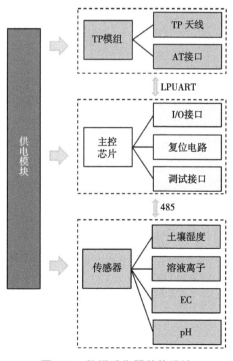

图5-4 数据采集器整体设计

5.2.3.1 主控芯片

数据采集器的作用是将传感器数据传输至数据网关，在设计时主要考虑芯片成本以及芯片低功耗表现。笔者团队在低功耗的数据采集器设计中使用的主控芯片为小华HC32L170FAUA-QFN32TR芯片，该芯片是一款旨在延长便携式测量系统的电池使用寿命的超低功耗、宽电压工作范围的MCU。集成12位1 Msps高精度SARADC，1个12位DAC以及集成了比较器、运放、内置高性能PWM定时器、LCD显示、多路UART、SPI、I2C等丰富的通信外设，内建AES、TRNG等信息安全模块，具有高整合度、高抗干扰、高可靠性和超低功耗的特点。

考虑到芯片性能，笔者团队实现了一种无OS的MCU任务管理框架，利用自定义段技术降低各个模块间的耦合性，方便后续升级扩展（图5-5）。系统整体采用低功耗工作模式，使用高精度的外部石英晶振作为芯片时钟源，晶振频率为32.768 KHz，使用2路UART标准通信接口，分别用来实现485总线通信以及串口调试功能，1路LPUART低功耗通信接口用来与TPUNB透传模组通信，基于AT指令来控制与网关的数据收发，重要参数及临时数据存储至外部flash模块。

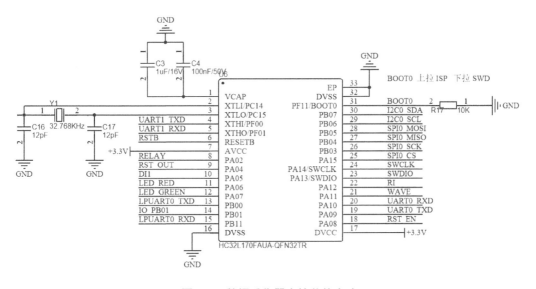

图5-5 数据采集器主控芯片电路

5.2.3.2 电源模块

电源模块为数据采集器各个模块进行供电，可以分为供电电路、12 V降5 V电路、5 V降3.3 V电路，图5-6为笔者团队所设计的供电电路，DC1为12 V电源插头，Q1是N沟道MOS管，作用是防止电源反接。F5是保险丝，作用是防止过流情况发生，当电流超过1.5 A时保险丝会熔断，以保护电路中的其他元件。D2是TVS二极管，作用是保护电路避免瞬态过电压（如静电或电源波动）的影响，当输入电压超过其额定值时，TVS会导通，将过量电压导引至地来保护电路中的其他元器件。RV1是压敏电阻，在电压超过阈值，压敏电阻会降低其阻抗，将过高的电压短路到地，从而保护电路。

图5-7为笔者团队所设计的电源模块12 V降5 V电路，U1是一个DC-DC转换器，负责将输入的12 V电压降压到5 V，通过控制开关的开合来调节输出电压。L3是电感元件，用于储存能量并平滑输出电流。C5、C6、C7、C9都是电容元件，用于滤除高频噪声，保证电路稳定工作。R5、R6、R7都是电阻元件，R5、R7都是反馈电阻，帮助设置输出电压，通过反馈网络确保输出电压维持在5 V。R6是使能电阻，确保U1在没有外部信号时保持关闭状态，从而防止不必要的功耗。

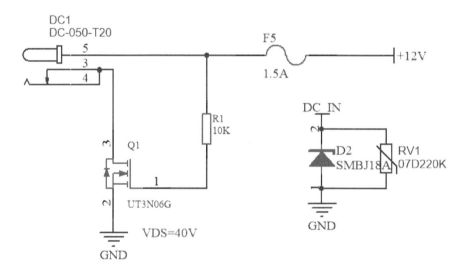

图5-6　数据采集器供电电路

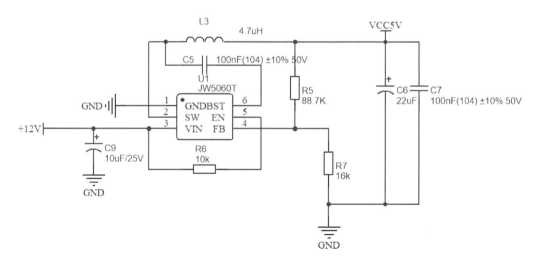

图5-7　数据采集器12 V转5 V电路

图5-8为笔者团队所设计的电源模块5 V降3.3 V电路,U3是一个降压转换器,负责将5 V的输入电压降压到3.3 V。L5是一个功率电感,充当能量储存元件,当有电压输出时进行能量储存,当断电时释放储存的能量,帮助维持输出电流的平稳,帮助减少输出电压的波动,确保稳定的输出。C1、C2、C8、C11、C12都是电容元件,用于滤波和稳压。R2、R3、R4都是电阻元件,R2为使能电阻,连接在使能引脚(EN)和GND之间,确保在没有外部信号时,EN引脚保持在低电平,使U3处于关闭状态。R3、R4是反馈电阻,帮助设置输出电压,形成反馈网络,确保输出电压稳定在3.3 V。U5是一个隔离电源模块,提供输入与输出之间的电气隔离,可以保护电路,减少干扰,提高系统的安全性。

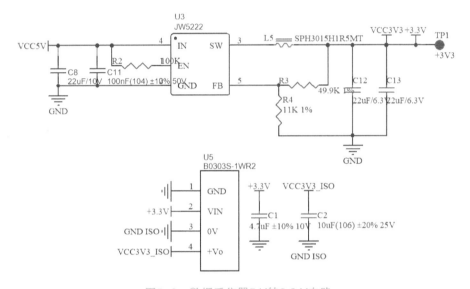

图5-8　数据采集器5 V转3.3 V电路

5.2.3.3　TPUNB透传模组

基于TPUNB协议的数据采集器透传模组需要与TPUNB网关模组配套使用,技象科技TP1107透传模组是一款工作频率范围为470~510 MHz的无线通信模块,采用频移键控(FSK)调制方式,支持的最大工作带宽为200 kHz。其发射功率可调范围为-30~20 dBm,接收灵敏度达到-111 dBm。模块的数据传输速率可选择2.4 kbps、19.2 kbps或76.8 kbps,适用于多种应用场景。TP1107的工作温度范围为-40~85℃,存储温度为-40~90℃,尺寸为17.7 mm×15.8 mm×2.2 mm,管脚数为44,采用LCC SMT封装。其典型工作电压为3.3 V,工作电流在发射时为85.5 mA,接收时为16.5 mA,待机时为2.2 μA。该模块的应用接口包括多个功能信号,如AT指令、调试信号和LED状态指示,适合各种无线通信需求。

图5-9为TPUNB透传模组工作电路,主要使用AT串口进行数据传输,以及调试串口来进行功能调试,其他元器件参考模组技术手册来设定。

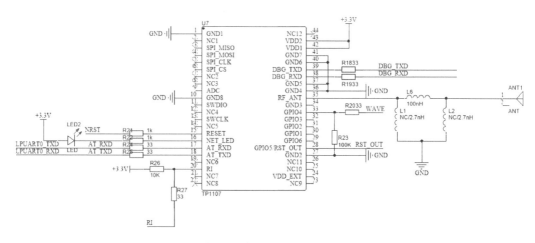

图5-9　数据采集器TPUNB透传模组电路

5.2.3.4　485通信模块

485通信模块的关键部分为RS-232串口转485电路，主要作用是实现不同设备之间的串行通信，特别是在工业自动化和远程监控等应用场景中。RS-232串口通常用于短距离通信，但其传输距离有限且抗干扰能力较弱。而RS-485标准则允许在更长的距离（可达1 200 m）内进行差分信号传输，具有更好的抗干扰能力和多个设备的多点连接能力。

图5-10为笔者团队设计的485通信模块电路，U2是一个RS-485/RS-422收发器，具有低功耗和高传输速率的特性，它的引脚配置用于接收（RO）和发送（DI）数据，RE和SHDN#控制发射和接收模式的切换。通过A和B引脚，U2将串行信号转换为差分信号（485_A和485_B），可以进行长距离传输。L4是共模滤波器，作用是抑制信号线上的共模干扰，确保传输信号的稳定性和可靠性。R9和R10是终端电阻，用于匹配信号线的阻抗，减少信号反射，确保信号完整性。D6和D7是ESD保护二极管，起到静电放电（ESD）保护的作用，保护485信号线免受静电放电和瞬时过电压的影响。

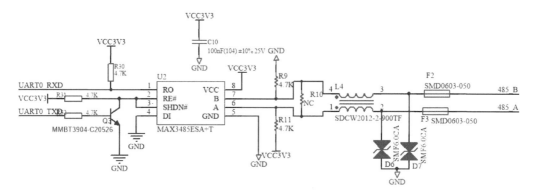

图5-10　数据采集器485电路

5.2.4 控制系统信号传输

在水肥管理的控制系统中，物联网平台可以通过与水肥管理装备之间的信号传输，将决策信号转化为设备的电信号，以实现控制相关设备运行的目的。水肥管理的主要控制对象包括机井远程控制器、大型灌机电机、智能网关、阀门控制器、卷盘灌机控制器、智能水肥机控制器等（图5-11），其中水肥控制系统对灌溉水泵的控制主要通过灌溉工程中建设的机井远程控制器实现，水肥控制系统通过物联网平台向机井控制器发送信号控制水泵通电/断电动作实现水泵开/关；同理，水肥控制系统也可通过物联网平台向机井控制器发送信号控制自动水肥机的主泵通电/断电动作实现自动水肥机的启/停动作。水肥控制系统对指针式和平移式大型灌机的控制主要通过控制大型灌机电机控制器实现，电机控制器可控制驱动电机的启/停和转速，从而控制大型灌机灌溉开始/停止和灌机行进速率，对于中心支轴灌机的启停角度控制和平移式灌机的启停位置控制，则可通过大型灌机自身所配置的GPS反馈信号进行控制。卷盘灌机的行进动力为水涡轮，因此水肥控制系统对卷盘灌机启/停控制通过控制水泵开/关实现，调速电机主要负责卷盘灌机的无极调速，因此水肥控制系统对卷盘行进速度的控制主要通过卷盘控制器来控制调速电机实现。卷盘灌机的近机停车指的是喷头车和卷盘车靠近时自动停止，该作业信号的获取一般通过卷盘灌机自带的红外测距传感器实现。与自动施肥机不同，智能施肥机通常为多通道，其主泵主要负责提供肥液通过旁路注入灌溉主路中的动力，而电动阀主要负责开/关不同施肥桶，此外，自动施肥机通常不具备独立的控制器，而智能施肥机具备独立控制器，因此，水肥控制系统可直接对智能施肥机进行控制。

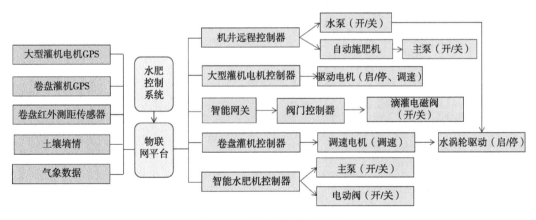

图5-11 控制系统信号传输

5.3 最佳土壤溶液管理实施的硬件设备

在信号传输基础上，最佳土壤溶液管理的实现需要依靠硬件设备，最佳土壤溶液管理的硬件设备主要包括两种类型，一种是感知设备，另一种是控制设备，以下将对这两种设备进行介绍。

5.3.1 感知设备

田间感知设备主要包括气象站、墒情仪、溶液离子传感器、摄像头、远传压力表、超声波流量计等。

5.3.1.1 气象站

（1）工作原理

气象站通过温度、湿度、气压、风速、风向、降水等传感器实时采集环境数据，并传输到数据记录设备或远程服务器进行处理和存储。同时，气象站具备实时监测和预警功能，在监测到异常天气情况（如暴雨、高温、大风等）时可及时发布预警信息。在土壤溶液管理中，气象站主要起到ET_0计算相关数据和降雨数据的监测作用。

（2）装备构造

气象站的构造包括太阳能板、气象传感器和控制箱等组件。太阳能板为气象站提供电力，保证其在户外能够持续运行。顶部的传感器用于监测气象数据，如风速、风向、温度和湿度等参数。控制箱位于气象站的中间位置，内部装有数据处理单元和通信模块，用于收集和传输实时气象数据，了解环境变化并作出相应的农业管理决策。整套系统依靠太阳能供电，适合长时间不间断地监控农田气象情况。气象站结构如图5-12所示。

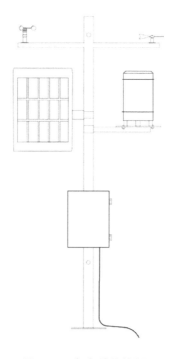

图5-12　气象站结构图

（3）主要类型

根据不同的使用需求，农业气象站可以分为多种类型，如固定式、便携式、定点式和专业化气象站。每种类型的气象站都有其独特的特点和应用场景，收集准确的气象数据，提供精准的天气预报和环境监控，助力农业生产的科学管理。表5-2详细介绍了几种常见类型的农业气象站及其特点。

表5-2　气象站主要类型及特点

类型	特点
固定式农业气象站	长期安装在某一地点，用于监测和收集长期的气象数据。适用于大田环境，以及需要长期监测气象数据的农业生产场景。可以提供连续、稳定的气象数据，有助于分析气候趋势和变化
便携式农业气象站	体积小巧，移动方便，可以快速部署到需要监测的地点。适用于应急环境、野外研究以及小面积、临时性的农业需求。便于携带和快速部署，可以满足临时性的气象监测需求
定点式农业气象站	与固定式气象站类似，但更强调在特定地点的长期、稳定监测。适用于对某一特定地点（如农田、果园、温室等）进行长期气象监测。能够提供特定地点的详细气象数据，有助于农业生产的精准管理
专业化农业气象站	根据具体的农业生产需求，针对某一方面的气象参数进行监测和收集。如温室气象站、果树气象站、茶园气象站等，适用于不同农作物的特殊气象需求。能够提供与特定农作物生长密切相关的气象数据，有助于实现科学管理和控制

（4）气象参数

除了用于监测水肥管理决策相关的气象数据，气象站的相关监测数据同时可为其他的农业管理提供相应参考，表5-3详细列出了各气象参数。

表5-3　主要气象参数及其释义

参数	释义
温度	不同作物有不同的适宜生长温度范围，温度数据帮助选择适宜的种植时间和作物品种。温度变化影响病虫害的发生和传播，温度监测有助于预防和控制病虫害。及时监测低温，预防霜冻对作物的危害，保护农作物免受低温损害
湿度	湿度高易导致作物病害，如霉菌和真菌感染，监测湿度可以预防病害。了解空气湿度，结合土壤湿度数据，优化灌溉时间和频率，避免过度或不足灌溉。不同作物对空气湿度有不同的需求，湿度数据帮助调整种植环境，提高作物产量
降水	降水数据帮助合理安排灌溉，避免浪费水资源，同时防止过量降水引发的农田积水。降水量直接影响土壤湿度，决定施肥和种植时间。及时监测降水量，可以有效预防和应对农田洪涝灾害，从而确保作物正常生长

（续表）

参数	释义
风速风向	风速和风向数据帮助选择合适的时间进行农药喷洒，减少农药漂移，提高喷洒效果。了解风速和风向，可以预测和控制风媒病虫害的传播
太阳辐射	太阳辐射是作物光合作用的主要能量来源，监测太阳辐射强度可了解作物光合效率。太阳辐射影响作物的生长周期和成熟时间，通过监测太阳辐射合理安排种植和收获
气压	气压变化是天气变化的前兆，可预测短期天气变化，从而及时采取应对措施。气压变化影响病虫害的发生，结合其他气象参数，可以更准确地预测病虫害
蒸发量	可根据蒸发量数据确定作物的需水量，合理安排灌溉，提高水资源利用效率。了解蒸发量，帮助管理农田水资源，避免浪费和缺水问题。蒸发量影响土壤水分和作物水分平衡，根据蒸发量数据可优化作物生长环境

5.3.1.2 墒情仪

（1）工作原理

土壤墒情仪将传感器采集到的原始数据经过数据采集单元处理，转换为土壤湿度值，并通过有线或无线方式传输到中央控制系统或远程服务器。通过查看实时数据，优化灌溉决策，提高水资源利用效率，促进农业生产的可持续性。在最佳土壤溶液管理中，土壤墒情仪用于获取土壤水分含量信息，用于灌溉量决策。

（2）装备构造

图5-13展示了两种类型的土壤墒情仪：管式墒情仪（a）和插针式墒情仪（b），均配备了太阳能板以实现自供电功能。管式墒情仪通常包含一个较长的管状结构，内置传感器长期置于土壤中，适用于持续监测；而插针式墒情仪则包含多个短针，便于临时或者灵活地插入不同土壤位置进行测量。

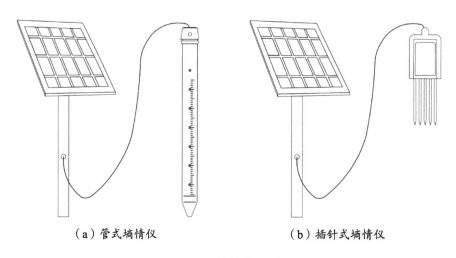

（a）管式墒情仪　　　　　　　　　（b）插针式墒情仪

图5-13　土壤墒情仪结构图

（3）主要类型

在农业土壤管理中，选择合适的土壤墒情传感器对于优化灌溉和提高作物产量至关重要。不同类型的传感器采用不同的技术来测量土壤水分含量，每种传感器都有其特定的应用场景和优势。表5-4详细介绍了几种常见的土壤墒情传感器类型及其特点，根据具体需求选择合适的传感器，实现精准农业管理。

表5-4 墒情仪主要类型及特点

类型	特点
电阻式土壤墒情传感器	通过测量土壤中电阻的变化来判断土壤的水分含量。通常需要将传感器插入土壤中进行测量，具有简单易用和成本较低的特点，适用于小范围的土壤墒情监测
电容式土壤墒情传感器	通过测量土壤的介电常数来推算水分含量。水的介电常数远高于土壤的其他成分，当传感器在土壤中产生电场时，土壤水分含量越高，其介电常数越大
时域反射（TDR）土壤墒情传感器	通过测量电磁脉冲在土壤中的传播时间来推算土壤的介电常数，将介电常数转换为土壤水分含量

（4）主要选型参数

在选择土壤墒情传感器时，了解其关键技术参数是确保数据准确和设备可靠运行的基础，表5-5详细介绍了土壤墒情传感器的主要选型参数。

表5-5 墒情仪主要选型参数及其释义

参数		释义
测量范围	湿度范围	设备能够测量的土壤湿度值范围，一般从0%到100%
	温度范围	设备能够正常工作的环境温度范围
	EC值范围	电导率的测量范围应覆盖从低盐分到高盐分的土壤，例如从0 dS/m（蒸馏水）到超过15 dS/m（高盐分土壤）
	pH值范围	从酸性土壤（约pH3）到碱性土壤（约pH9）
分辨率	湿度分辨率	设备能检测到的最小湿度变化，一般以百分比表示（如0.1%）
	温度分辨率	设备能检测到的最小温度变化，通常以摄氏度表示（如0.1℃）
	EC值分辨率	适合精细管理的分辨率应达到0.01 dS/m
	pH值分辨率	pH测量的分辨率应能精确到0.01pH单位
响应时间	响应时间	传感器对湿度变化的响应速度，通常以秒或毫秒表示

（续表）

参数		释义
数据传输	传输方式	有线传输（如RS232、RS485）或无线传输（如Wi-Fi、GSM/3G/4G、LoRa）
	传输距离	数据能够传输的最大距离
数据存储	存储容量	设备内置存储器的容量，能够保存的历史数据量
	数据采集间隔	设备采集数据的时间间隔设置，通常以分钟或小时为单位
电源参数	电源类型	设备使用的电源类型，如电池、太阳能电池等
	电池寿命	在一次充电或一次性电池的情况下，设备能够连续工作的时间
物理特性	尺寸	设备的物理尺寸
	重量	设备的重量，影响便携性和安装方便性
	外壳防护等级	设备外壳的防水防尘等级（如IP65），影响其在恶劣环境中的使用
接口类型	传感器接口	支持的传感器类型和数量
	通信接口	用于数据传输的接口类型
校准维护	校准频率	设备需要校准的频率
	维护要求	设备的日常维护需求和要求
环境适应性	工作环境	设备适用的环境条件，如极端温度、湿度和压力

5.3.1.3 溶液离子传感器

（1）工作原理

溶液离子传感器的工作原理基于电极与溶液中离子的电化学反应。在传感器结构中，主要包括参考电极、工作电极和陶瓷点等部件。参考电极提供稳定的参比电位，工作电极则测量待测溶液中的离子浓度变化。陶瓷点是电极与溶液的接触界面，使离子能够通过液体接触层传递信号。传感器通过检测电极产生的电势差，结合能斯特方程，将电位变化转换为离子浓度信息。当溶液中的目标离子与电极表面的离子选择性膜相互作用时，会改变电极的电位值。这种电位差由参比电极保持恒定，通过比较工作电极的电位变化，可以确定溶液中离子的浓度。复合电极模式则是将参比电极和工作电极集成在一个装置中，使得操作更加便捷。在最佳土壤溶液管理中，使用离子传感器进行土壤溶液中的养分含量在线监测。

（2）装备构造

溶液离子传感器的基本构造通常包括多个重要部件，如参考电极、工作电极、内管和陶瓷点等，图5-14展示了溶液离子传感器的典型构造。参考电极提供稳定的参比电位，工作电极用于测量溶液中的离子浓度变化，内管保护和支撑电极结构，而陶瓷点则起到液体接触界面的作用。该设计保证了传感器在溶液中的高效测量，确保其能够准确检测特定离子浓度。

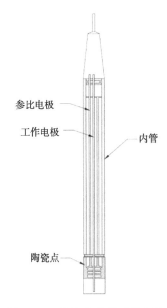

参比电极
工作电极
内管
陶瓷点

图5-14 溶液离子传感器结构

（3）主要类型

在农业中，硝氮、铵氮、磷酸根、钾离子以及钙镁离子的监测对于优化土壤养分管理和提高作物产量至关重要。不同类型的溶液离子传感器通过其特有的原理和设计，能够实时了解土壤和水中的关键养分含量，从而合理调整施肥策略。表5-6总结了几种主要的离子传感器及其特点，展示了它们在农业中的应用。

表5-6 溶液离子传感器主要类型及特点

类型	特点
硝态氮传感器	使用对硝酸根离子具有高选择性的膜，用于好氧状态下土壤溶液中的氮浓度监测
铵氮传感器	采用选择性膜检测铵离子浓度，用于厌氧状态下土壤溶液中的氮浓度监测
磷酸根传感器	通过磷酸根离子与特定试剂的显色反应，使用光学检测技术确定磷浓度，或者采用电化学传感器基于电化学反应来测量土壤溶液中的磷元素含量监测
钾离子传感器	使用钾离子选择性膜，通过检测电位变化来确定钾离子的浓度，用于土壤溶液中钾离子的监测
钙镁离子传感器	通过不同的选择性膜分别检测钙离子和镁离子，监测土壤溶液中的钙镁离子浓度

（4）主要选型参数

溶液离子传感器的性能和应用效果取决于多个关键参数，如检测范围、灵敏度、选择性、稳定性等。这些参数决定了传感器在不同使用场景中的表现，特别是在复杂的溶液环境中。表5-7详细列出了溶液离子传感器的主要选型参数。

表5-7　离子传感器主要选型参数及其释义

参数	释义
检测范围	传感器能够有效检测的离子浓度范围，通常以最小和最大可测量值表示。检测范围决定了传感器在实际应用中的适用性，特别是在低浓度或高浓度的环境下。如果传感器的检测范围太窄，可能无法应对不同环境中的浓度变化
灵敏度	传感器对离子浓度变化的响应能力，指传感器输出信号（如电位、电流或光信号）随离子浓度变化的程度。灵敏度越高，传感器能检测到的最小浓度变化越小，特别是在低浓度时，灵敏度是保证精确检测的关键
分辨率	传感器能够区分的最小离子浓度变化。分辨率越高，传感器越可以精确检测到较小的离子浓度差异
选择性	传感器对目标离子与其他离子的区分能力。选择性是传感器准确检测目标离子的关键参数，尤其是在复杂溶液中含有多种离子的环境下
响应时间	传感器从接触溶液到产生稳定信号所需的时间。响应时间决定了传感器的测量速度，较短的响应时间有利于实时监测和动态环境的快速变化。通常，响应时间以秒或分钟为单位
稳定性	传感器在长时间测量中的信号一致性和漂移程度。高稳定性意味着传感器在长期使用中保持测量结果的一致性，信号漂移较小。良好的稳定性对于持续监测和长期实验非常重要
精确度	传感器测量结果与真实值的接近程度，通常以百分比误差表示。高精度是传感器在实际应用中提供可靠结果的保障。精确度越高，传感器输出的测量值与实际离子浓度的偏差越小
漂移	在长时间或特定环境条件下，传感器测量值随时间产生的无规律变化。漂移影响传感器的长期稳定性，尤其在长期监测或无人值守系统中，低漂移特性有助于提高测量精度
校准间隔	传感器需要进行校准的时间间隔或频率。校准频率越高，传感器的稳定性或灵敏度可能需要更频繁的调整，可能影响操作的便利性
工作温度范围	传感器在指定温度范围内能够正常工作的温度区间。不同应用场景可能需要传感器在极端温度下工作，传感器的温度适应性决定了其应用场景的广泛性
线性范围	传感器输出与离子浓度成线性关系的浓度范围。线性范围越宽，传感器能保持较高的测量精度；如果超出线性范围，传感器输出信号可能会失真
功耗	传感器在工作时的电能消耗。在电池供电或便携设备中，低功耗传感器能够延长工作时间，减少频繁充电或更换电源的需求

（续表）

参数	释义
测量介质	传感器适用于测量的介质类型（如水溶液、土壤溶液等）。不同传感器可能适合不同的介质，选用适合特定介质的传感器能够提高测量精度和稳定性
耐化学性	传感器在腐蚀性溶液或恶劣化学环境中工作的能力。耐化学性强的传感器可在腐蚀性较强的化学溶液中长期使用，适合工业和环境监测应用

5.3.1.4 摄像头

（1）工作原理

农田摄像头通过光学传感器捕捉农田实时图像，并通过有线或无线网络将图像数据传输到本地存储设备或云服务器。通过图像处理和智能分析技术，对作物生长状况、环境条件和病虫害进行实时监控和评估。系统能够自动检测异常情况，如病虫害、干旱或水淹，并通过短信、电子邮件或手机推送通知农民和农业管理人员，以便及时采取应对措施。农田摄像头集成了物联网和人工智能技术，实现了精准农业管理，提高了农业生产的效率和质量。

（2）装备构造

摄像头系统由多个核心组件构成。摄像头安装在高处，用于实时监控和记录周围环境。摄像头系统依靠太阳能板提供电力，通过太阳能将光能转化为电能，保证设备在无电源的情况下也能持续运作。电力储存在蓄电池中，蓄电池为摄像头及其他相关设备提供备用电源，确保在光照不足时系统仍能正常工作。摄像头结构如图5-15所示。

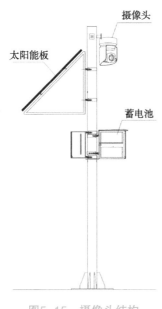

图5-15 摄像头结构

（3）主要类型

在现代农业中，监控技术的应用已经成为提升农田管理效率的重要手段。通过使用各种类型的摄像头，能够实时了解作物的生长状况、土壤和环境的变化，并及时作出相应调整。不同类型的摄像头各有其特点，适应不同的监控需求，实现精准农业和智能化管理。表5-8介绍了几种常见的摄像头类型及其在农业中的应用场景和功能特点。

表5-8　摄像头主要类型及特点

类型	特点
固定式摄像头	固定位置，监控特定区域。适用于长期监控某一固定区域的作物生长情况
旋转式摄像头	远程控制方向和焦距，覆盖更广的区域。适合大范围农田监控，能够根据需要调整视角和放大特定区域
无线摄像头	通过Wi-Fi、4G/5G或LoRa等无线通信技术传输图像和数据，安装灵活，适用于广阔且不方便布线的农田
红外摄像头	配备红外技术，可以在低光照条件下或夜间进行监控。适用于需要全天候监控的农田
多光谱摄像头	捕捉不同光谱范围内的图像，如可见光、红外光等，有助于分析作物健康状况、水分含量等
热成像摄像头	通过捕捉热辐射，生成热图像。可以用于检测灌溉不均、病虫害等问题

（4）主要选型参数

摄像头的参数繁多，选择摄像头时需要对其参数的作用有一定的了解，比如摄像头的分辨率、视角、帧率等参数直接影响到图像的清晰度和监控范围，最低照度和动态范围则决定了摄像头在复杂光线条件下的表现。存储容量、通信方式以及电源类型等参数则与摄像头的长期运行和数据处理能力密切相关。表5-9详细列出了摄像头的主要技术参数及其含义。

表5-9　摄像头主要选型参数及释义

参数	释义
分辨率	表示摄像头拍摄图像的清晰度，通常以像素（如1 080 p、4 K）表示。分辨率越高，图像越清晰，细节越多。高分辨率摄像头（如4 K）适用于需要细致观察作物状态的场景，而较低分辨率（如720 p或1 080 p）适用于一般监控
视角	摄像头能够覆盖的视野范围，通常以度数表示。视角越大，监控范围越广。如果需要监控大面积区域，选择广角摄像头（如90度以上）。狭窄区域或特定区域监控可选择视角较小的摄像头

（续表）

参数	释义
焦距	摄像头镜头的焦距，影响拍摄范围和放大能力。短焦距适合大范围监控，长焦距适合远距离拍摄。短焦距适合近距离和宽广视野的监控，长焦距适合远距离监控和细节捕捉
帧率	摄像头每秒钟拍摄的帧数，通常以fps（Frames Per Second）表示。帧率越高，视频越流畅。高帧率（如30 fps或以上）适用于监控快速移动的物体（如动物或机械）。一般监控场景15fps即可满足需求
最低照度	表示摄像头在低光照环境下能够正常工作的最低光照强度，通常以勒克斯（lx）表示。数值越低，低光性能越好。最低照度（如0.01 lx或更低）适合在夜间或光照不足的环境下使用
动态范围	摄像头在明暗对比强烈的场景中保持细节的能力。高动态范围（HDR）摄像头在处理高对比度场景时表现更好。如果监控场景中有强光和阴影并存，选择高动态范围的摄像头可以保证图像质量
存储容量	摄像头内部或外部存储设备的容量，如SD卡的最大支持容量。影响录像时间和存储图像数量
通信方式	摄像头与监控系统的连接方式，如Wi-Fi、4G/5G、LoRa、以太网等。不同的通信方式影响数据传输速度和距离
电源类型	摄像头的供电方式，如交流电、直流电、太阳能供电或电池供电。影响摄像头的安装位置和运行稳定性。太阳能或电池供电适用于缺乏电力供应的偏远地区，交流电或直流电适用于有稳定电源的地方
防护等级	表示摄像头防尘防水能力的等级，常见的有IP65、IP67等。数值越高，防护性能越好，适合户外环境

5.3.1.5 远传压力表

（1）工作原理

远传压力表在农业灌溉系统中用于远程监测和传输压力数据。其工作原理包括压力传感器将压力转换为电信号，通过信号调理电路和模拟—数字转换进行信号处理，再由微处理器进行数据处理和校准。处理后的数据通过通信模块（如GPRS、LoRa、TPUNB等）远程传输至监控中心。监控中心接收数据后进行实时显示、存储和分析，并在压力异常时触发报警和自动控制操作，如调节水泵或阀门，确保灌溉系统的高效运行。该设备提升了农业灌溉的管理效率和可靠性。

（2）装备构造

远传压力表的构造如图5-16所示，主要由弹簧管、机芯、动触头组件和电位器组件等部分组成。弹簧管用于感应压力的变化，当管内压力发生变化时，弹簧管会产生形变，带动机芯内部的机械运动。动触头组件则与电位器组件相连，将机械位移转换为电信号，从而实现远程压力数据的传输。远传压力表能够将现场压力的变化精确地传递到远程监控系统，适合用于需要实时监测压力变化的场合。

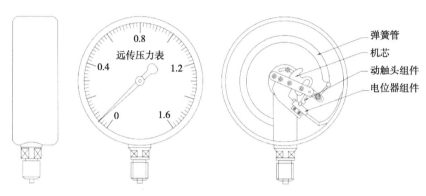

图5-16　远传压力表结构

（3）主要类型

在压力测量技术中，不同类型的压力表根据其工作原理和应用场景适用于不同的压力监测需求。通过了解各种压力表的工作原理和适用场合，能够更好地选择合适的设备来满足特定的测量需求。表5-10详细介绍了几种主要类型的压力表及其工作原理，以便了解其特点和最佳应用场景。

表5-10　压力表主要类型及特点

类型	特点
应变片压力表	利用应变片的电阻变化来测量压力，具有高精度和稳定性
压阻式压力表	利用半导体材料的压阻效应来测量压力，广泛应用于各类压力测量场合
电容式压力表	通过电容变化来测量压力，适用于测量低压和微压
电感式压力表	利用电感线圈的变化来感应压力，适用于动态压力测量

（4）主要选型参数

在选择压力表时，了解其关键技术参数对于确保测量的准确性和设备的长期稳定运行至关重要。不同的参数如量程范围、精度、输出信号和响应时间等，直接影响压力表的性能和适用性。此外，工作温度范围、防护等级和过载能力等参数则确保压力表能够在不同的环境条件下正常工作。表5-11详细介绍了压力表的主要技术参数及其意义，根据具体需求选择合适的压力测量设备。

表5–11　压力表主要选型参数及释义

参数	释义
量程范围	压力表可以测量的最小和最大压力值。应据灌溉系统的工作压力范围选择合适的量程，确保压力表能够覆盖所有可能的压力值
精度	压力表测量结果与真实值的接近程度，通常以百分比表示。对于需要精确控制的系统，可以选择高精度压力表（如±0.1%FS）。对于一般监测场合，可以选择精度较低的压力表（如±0.5%FS）
输出信号	压力表的输出形式，可以是模拟信号或数字信号。如果系统使用模拟信号控制，可以选择4~20 mA或0~10 V输出的压力表。如果系统使用数字信号传输，可以选择RS485或Modbus输出的压力表
电源电压	压力表正常工作所需的电源电压。常见电源电压有12 VDC、24 VDC、220 VAC等
工作温度范围	压力表能够正常工作的环境温度范围。在极端环境下（如高温或低温），需要选择具有宽温度范围的压力表
防护等级	压力表对环境（如灰尘和水）的防护能力，通常以IP等级表示。在户外或潮湿环境中，建议选择IP67或IP68的压力表
响应时间	压力表对压力变化的响应速度。对于需要快速响应的控制系统，可以选择响应时间较短的压力表（如1 ms）
稳定性	压力表在长期使用中的测量稳定性，通常以每年漂移百分比表示。根据系统的长期使用要求选择具有高稳定性的压力表，减少校准和维护频率。例如，每年漂移小于0.1%FS的压力表适用于要求高稳定性的应用场景
过载能力	压力表能够承受的最大过载压力而不损坏。根据系统可能出现的最大压力选择具有足够过载能力的压力表，确保其在过载情况下不损坏。一般选择过载能力为150%FS或200% FS的压力表
接口类型	压力表与系统连接的接口形式。常见接口有G1/2、1/4NPT、1/2NPT等
材质	压力表接触介质部分的材料，需考虑介质的腐蚀性。根据介质的腐蚀性和兼容性选择压力表的材质，建议选择不锈钢或其他耐腐蚀材料的压力表

5.3.1.6　超声波流量计

（1）工作原理

超声波流量计是一种通过测量超声波在流体中传播时间或频率变化来确定流体流速和流量的设备。其工作原理为传播时间差法。

这种方法是最常见的超声波流量计原理，主要通过测量超声波在流体中顺流和逆流传播时间的差异来计算流速。超声波流量计通常有两个超声波换能器，分别作为发射器和接收器。发射器发出超声波信号，信号通过流体传输到接收器。在流体静止时，顺流和逆流的传播时间相同；在流体流动时，顺流的传播时间短于逆流的传播时间。通过测量这两种传播时间的差异，计算出流体的流速。

（2）装备构造

超声波流量计的构造如图5-17所示，主要由显示屏、传感器以及管道部分组成。传感器通过发送和接收超声波信号，测量信号在流体中传播的时间差来计算流量。管道内的安装部分是超声波的发射和接收器，显示屏则用于实时显示流量数据。该设备适用于各种流体的测量，具有无阻碍、非接触式测量的特点，因此广泛应用于农业的流体监测系统中。

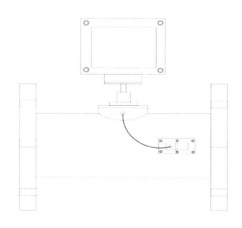

图5-17　超声波流量计结构

（3）主要类型

在灌溉和流体监测系统中，超声波流量计以其非接触式、精准的测量方式广泛应用。根据不同的应用场景，超声波流量计可以分为多种类型，如传播时差法、多普勒超声、外夹式和插入式等。每种类型都有其特定的工作原理和适用领域，能够满足不同类型的流体测量需求。表5-12详细介绍了超声波流量计的主要类型、工作原理及其典型应用场景。

表5-12　超声波流量计主要类型、工作原理及应用

类型	工作原理	应用
传播时间差法超声波流量计	利用超声波在流体中顺流和逆流传播时间的差异来测量流速	适用于清洁灌溉水，如从井中抽取的地下水或经过过滤的水
多普勒超声波流量计	利用超声波遇到流体中的悬浮颗粒或气泡时的频率变化（多普勒效应）来测量流速	适用于含有悬浮颗粒或气泡的灌溉水，如泥浆水或含有肥料和化学物质的水

（续表）

类型	工作原理	应用
外夹式超声波流量计	超声波换能器通过夹在管道外部进行测量，无须接触流体	适用于各种管道的灌溉水流量测量，特别是无法中断水流或不便安装内置传感器的情况下。安装和维护简便，适合临时测量和监控
插入式超声波流量计	超声波换能器插入管道内部，与流体直接接触进行测量	适用于大口径管道或需要高精度测量的灌溉系统。适合永久性安装，提供长期稳定的流量数据
手持式超声波流量计	通常采用外夹式设计，便于移动和临时测量	适用于临时灌溉系统流量测量、检测和校准用途。适合在多个田块间移动使用，灵活性高
固定式超声波流量计	可以采用传播时间差法或多普勒效应法，固定安装在管道上进行长期监测	适用于灌溉系统的长期流量监测，提供连续的流量数据，有助于优化灌溉管理和水资源利用
分体式超声波流量计	传感器和显示单元分离，传感器安装在管道上，显示单元安装在易于观察的位置	适用于不便于集中安装的环境，特别是环境恶劣或空间受限的灌溉系统。便于远程监控和数据读取

（4）主要选型参数

在选择超声波流量计时，了解其关键技术参数对于确保测量精度和系统稳定性至关重要。不同的参数如流量范围、管径范围、精度、分辨率等，直接影响流量计的测量能力和适用性。同时，通信接口、数据存储和电源类型等参数决定了设备的集成性和运行时长。表5-13详细介绍了超声波流量计的主要选型参数及其定义，可根据具体需求做出合适的选择，确保设备的高效运行。

表5-13　超声波流量计主要选型参数及释义

参数		释义
测量范围	流量范围	设备能够测量的最小和最大流量值，通常以立方米每小时（m³/h）或升每分钟（L/min）表示
	管径范围	适用的管道内径范围，通常以毫米（mm）或英寸（inch）表示
测量精度	流量精度	流量测量的准确性，通常以百分比表示（如±1%）
	重复性	流量计在相同条件下重复测量的能力，通常以百分比表示（如±0.2%）
分辨率	流量分辨率	设备能够检测到的最小流量变化，通常以立方米每小时（m³/h）或升每分钟（L/min）表示
响应时间	响应时间	传感器对流量变化的响应速度，通常以秒或毫秒表示
数据传输和存储	通信接口	支持的数据传输方式，如RS232、RS485、Modbus、HART、无线通信（如Wi-Fi、GSM/3G/4G）
	数据存储容量	内置存储器的容量，能够保存的历史数据量
	数据采集频率	数据采集和记录的时间间隔设置，通常以秒、分钟或小时为单位

（续表）

	参数	释义
电源参数	电源类型	设备使用的电源类型，如交流电、直流电、电池或太阳能电池
	电池寿命	在一次充电或一次性电池的情况下，设备能够连续工作的时间
环境适应性	工作温度范围	设备能够正常工作的环境温度范围，通常以摄氏度表示（如-20～60℃）
	工作湿度范围	设备能够正常工作的环境湿度范围，通常以百分比表示（如0%～100%相对湿度）
	防护等级	设备外壳的防水防尘等级（如IP65、IP67），影响其在恶劣环境中的使用
物理特性	尺寸和重量	设备的物理尺寸和重量，影响便携性和安装方便性
	外壳材料	设备外壳的材料类型，决定其耐用性和防腐蚀性能
安装要求	安装方式	设备的安装方式，如外夹式、插入式或固定式
	安装位置	适合安装的管道位置和条件，确保最佳测量效果
校准和维护	校准频率	设备需要校准的频率，确保测量数据的准确性
	维护需求	设备的日常维护需求和要求，影响长期使用的便利性和成本
显示和操作	显示类型	设备的显示屏类型，如LCD或LED显示屏，用于显示实时流量数据
	用户界面	设备的操作界面和控制按钮，方便用户进行设置和查看数据

5.3.2 控制设备

田间控制设备主要包括机井控制器、水肥机、阀控站、脉冲阀等。

5.3.2.1 机井控制器

（1）工作原理

机井控制器通过集成微电脑控制器、电能表、交流接触器等核心部件，实现了对灌溉过程的自动化控制和精确计量。用户只需使用射频卡即可方便地进行灌溉操作，而控制器则能实时记录并管理灌溉用电量。通过配套的管理平台或App，管理人员可以远程监控灌溉情况，实时调整灌溉策略，实现灌溉的智能化管理。

（2）装备构造

机井控制器包括外壳、输入输出模块、通信接口、操作界面以及保护装置。主要组件有数字和模拟接入接口、RS485与MODBUS通信协议接口、LED显示屏和触摸屏、GPRS/4G无线通信接口以及一系列保护措施，如过载、短路、过压、欠压和缺相保护。此外，还配备了备用电源模块以确保设备在主电源故障时仍能继续运行。这些集成模块共同确保了设备的功能性、用户交互的便捷性以及工业环境下的稳定可靠性。机井控制器结构图如图5-18所示。

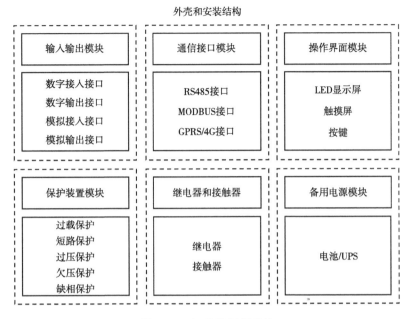

图5-18 机井控制器结构

（3）主要类型

在机井控制器的应用中，根据不同的收费方式和需求，可分为多种类型。每种类型的控制器都有其特定的功能和应用场景，以满足农业灌溉的需求。表5-14详细介绍了几种常见的机井控制器类型及其特点，包括计电价型、计水型、计时型、电水转换型和水电计量型等。每种类型的控制器根据电量、水量或时间进行收费，并可配合远程监控等功能，方便系统管理与优化资源使用。

表5-14 机井控制器主要类型及特点

类型	特点
计电价型	按照电量收费，需外接三相三线电子式电能表。常用于需要精确计量灌溉用电量的场合
计水型	按照水量收费，需外接远传水表。适用于需要准确计量灌溉用水量的农业灌溉系统
计时型	按照时间收费，不需电表或水表。适用于对灌溉时间有严格控制的场合，或者当电量和水量的计量不太方便时
电水转换型	把电量转换成水量，按照水量收费，需外接电能表。在电量和水量之间需要相互转换计费的系统中使用
水电计量型	水量和电量同时计量，按照电量（或水量）收费，需外接电能表和远传水表，带有通信接口，可以连接GPRS模块，实现计算机远程监控，还可扩展监测水位、水质等参数。在需要同时监测和计量灌溉用电量和用水量的系统中使用，如现代化的农业灌溉管理系统

（4）主要选型参数

表5-15是机井控制器的主要选型参数。涵盖了从电源电压、电流容量到防护等级、通信接口等多项关键参数。每一项参数都直接影响控制器的性能和适用性。

表5-15　机井控制器主要选型参数及释义

参数	释义
电源电压	机井控制器所需的工作电压（V），如220 V、380 V等。应匹配电力供应系统，以确保控制器正常运行
电流容量	机井控制器需处理的最大电流（A），确定所驱动的设备功率与系统要求，以确保电流容量足够，避免过载导致设备损坏
控制方式	机井控制器的操作方式，如手动、自动、远程控制等。选择适合操作需求的控制方式，考虑未来可能增加设备的需要
输出端口数量	机井控制器管理的设备数量，通常包括泵、阀门等。根据设备种类和数量，选择合适的输出端口
保护功能	机井控制器的保护措施，包括过载、短路、过压等。需符合电气安全标准，防止损坏，确保设备长期稳定运行
通信接口	机井控制器与其他系统的数据传输方式，如RS485、MODBUS等。根据传输距离、速度和可靠性，选择合适的通讯接口
环境温度范围	机井控制器正常工作的温度范围，以摄氏度（℃）为单位。确保控制器在不同环境温度条件下能够稳定运行
湿度范围	机井控制器正常工作的湿度范围，通常以百分比表示（%）。确保控制器在不同湿度条件下能够稳定运行
防护等级	机井控制器外壳的防尘防水等级，如IP65、IP67等。确保控制器在户外或恶劣环境条件下的可靠性和耐用性
显示和操作界面	机井控制器的显示屏类型和操作界面，如LCD显示屏、触摸屏、按钮控制等。影响用户操作的便捷性和信息的可视化程度
水位传感器类型	机井控制器支持的水位传感器类型，如浮球式、压力式、超声波式等。依据实际测量需求选择适合的传感器类型
数据存储和记录功能	机井控制器是否具备数据存储和记录功能，根据具体需求提升系统自动化程度和管理效率
自动化功能	机井控制器支持的自动化操作，如定时开关、自动启停、远程监控等。根据具体需求提升系统自动化程度和管理效率

5.3.2.2 水肥机

（1）工作原理

水肥机通过主管道将水流引入系统，水通过加压泵后进入文丘里管，文丘里管产生的负压将肥料桶中的肥料吸入并混合到水中。混合后的水肥溶液再通过管道返回到主管道，最终输送到灌溉区域。整个过程中，加压泵负责提供动力，文丘里管利用流体力学原理实现肥料的自动吸入和混合，确保肥料均匀地溶入灌溉水中，达到精准施肥的效果。水肥机工作原理如图5-19所示。

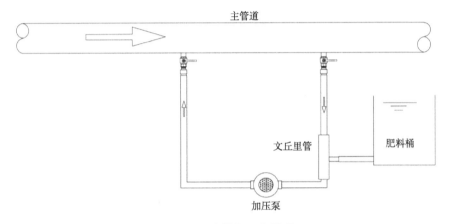

图5-19　水肥机工作原理

（2）装备结构

图5-20展示了水肥机的工作流程，通过水泵、注肥泵和混合器等设备实现水肥溶液的混合与输送。与此相对应，表5-16详细列出了水肥机的内部结构及其各部分的作用说明。这两部分共同描绘了水肥一体化系统从溶液储存、混合到最终输出的全过程，确保水肥施用的精准和高效。

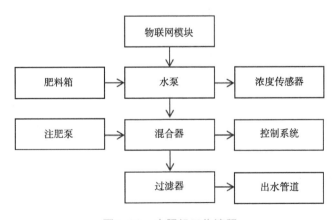

图5-20　水肥机工作流程

表5-16　水肥机内部结构及作用

内部结构	作用
肥料箱	用于储存固体或液体肥料，并配有搅拌装置，确保肥料溶解均匀
水泵	从水源抽取水并输送到混合器，确保水流的稳定性
注肥泵	精确控制肥料溶液的注入量，将肥料溶液从肥料箱泵入混合器
混合器	用于水和肥料溶液的充分混合，确保形成均匀的水肥液
浓度传感器	实时监测混合液的肥料浓度，数据传输到控制系统以调节施肥精度
控制系统	智能控制装置，自动调节施肥过程，确保施肥精准
过滤器	去除水肥液中的杂质，防止堵塞灌溉系统中的滴头或喷头
出水管道	将过滤后的水肥混合液输送到灌溉系统，均匀施用于农田
物联网模块	支持远程监控和管理，通过互联网或专用通信网络实现远程操作和数据收集
电源供应	提供电力支持，确保系统的稳定运行

（3）主要类型

表5-17中列出了几种主要的水肥机设备类型，每种类型具有不同的特点和适用场景。例如，滴灌水肥机和喷灌水肥机分别适用于不同规模的作物灌溉和施肥；中心枢轴水肥机则适合大面积农田的自动旋转灌溉。还有地下渗灌水肥机、移动式水肥机等，适合特殊需求的作物和环境。此外，全自动水肥机和智能水肥机集成了自动化和智能化控制系统，适应现代化农业的精确施肥需求。

表5-17　水肥机主要类型、特点及应用场景

类型	特点	应用场景
滴灌水肥机	精准、节水、节肥，适用于行距较大的作物如果树、蔬菜等	果园、蔬菜基地、温室等
喷灌水肥机	均匀分布水肥，适用于较大面积的农田	草地、大田作物
中心枢轴水肥机	适用于大面积农田，能够自动旋转覆盖大范围的作物	大型农田、粮食作物种植区
地下渗灌水肥机	水肥直接输送到作物根系，减少蒸发和地表径流	果树、葡萄园等需深层灌溉的作物
移动式水肥机	可移动到不同田块进行灌溉和施肥，灵活性强	中小型农场、园艺场
全自动水肥机	具有自动化控制系统，精确控制水肥比例和施用时间	大型农场、现代化农业基地
智能水肥机	集成物联网和传感器技术，支持远程监控和数据驱动决策	现代化精准农业、智慧农场

（4）主要选型参数

表5-18中列出了水肥机设备的主要选型参数。包括流量、压力、肥料浓度、灌溉面积等，这些参数直接影响水肥机的工作效率和效果。控制系统和电源需求决定了设备的自动化程度和运行稳定性，而过滤精度和接口规格则确保了设备在实际操作中的稳定性和维护便捷性。通过合理设置这些参数，能够保证水肥机在不同农业场景中的高效应用。

表5-18 水肥机主要选型参数及释义

参数	释义
流量	单位时间内通过水肥机的水或肥料的体积，一般以升/小时（L/h）或立方米/小时（m^3/h）表示。根据作物需水量确定流量，确保灌溉周期满足作物需求，并考虑覆盖面积和时间调节流量，防止水肥过量或不足
压力	水肥机工作时的水压，一般以兆帕（MPa）或巴（Bar）表示。适宜的压力确保水肥混合液能够均匀分布到灌溉区域，避免因压力不足导致肥料分布不均或设备损坏
肥料浓度	肥料在水中的浓度，一般以百分比（%）或毫克/升（mg/L）表示。根据作物养分需求调控浓度，保证肥效和施肥精准度，避免浓度不均造成过量或不足
灌溉面积	水肥机能够覆盖的最大灌溉面积，以平方米（m^2）或公顷（hm^2）表示。选择合适的灌溉面积以满足农田需求，结合布置管道长度和喷头分布，确保有效灌溉
电源要求	水肥机运行所需的电源类型和功率，一般以伏特（V）和瓦特（W）表示。根据电力供应情况选择电源，确保设备正常运行
过滤精度	过滤器去除水肥液中杂质的能力，一般以微米（μm）表示。高精度过滤器能够防止灌溉系统堵塞
接口规格	水肥机与灌溉系统连接的接口类型和尺寸。选择匹配的接口规格，便于安装和维护，确保密封性和设备连接可靠性
材质	水肥机各部件的材质，如塑料、金属等。材质选择影响设备的耐腐蚀性和使用寿命
施肥通道	施肥通道的数量决定了水肥机同时处理多种肥料的能力。例如，某型号的水肥机具有三通道施肥能力，单次可注入1～3种肥

5.3.2.3 阀控站

（1）工作原理

阀控站是农田灌溉系统的核心部件，通过传感器监测土壤湿度、温度等环境参数，经过内部控制器处理，控制灌溉设备的开关，实现对灌溉水流的精确控制。其工作原理是根据作物生长需水量和土壤水分情况，自动调整灌溉方案，实现精准灌溉，提高作物产量和质量。部分阀控站还具有远程监控和控制功能，可通过互联网实现远程管理，提高灌溉的智能化和便捷性，对农田管理起到重要作用。

（2）装备构造

阀控站的构造如图5-21所示，主要由太阳能板、开关、天线和阀门接线等部分组成。太阳能板为系统提供电力，天线则用于与控制系统通信，确保远程操作的准确性。阀门接线连接至阀门，实现对灌溉系统的控制。

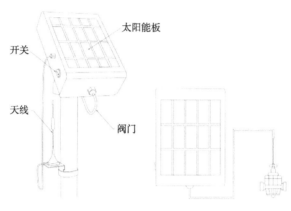

图5-21 阀控站结构

（3）主要类型

表5-19详细介绍了几种无线阀门控制站的主要类型及其特点，包括基本型、多通道型、智能型、可编程型和远程监控型无线阀门控制站。每种类型具有不同的功能和应用场景，例如基本型适用于单个阀门的远程控制，多通道型则可以同时控制多个阀门，智能型则集成了传感器和智能算法以实现精细化灌溉管理。可编程型允许用户根据需求设置灌溉计划，远程监控型则支持用户通过手机或互联网实时监控和管理阀门的状态及灌溉系统的运行情况。

表5-19 阀控站主要类型及特点

类型	特点
基本型无线阀门控制站	主要用于控制单个阀门的开关，通常具有简单的功能，例如远程开启或关闭阀门
多通道型无线阀门控制站	可以同时控制多个阀门，通常具有多个通道或输出端口，使用户可以独立地控制多个阀门
智能型无线阀门控制站	集成了智能算法和传感器，能够根据环境条件和植物需水量自动调节阀门开关。通常具有土壤湿度传感器、温度传感器等，并能与智能灌溉系统配合使用，实现智能化的灌溉管理
可编程型无线阀门控制站	具有可编程功能，用户可以根据自己的需求和灌溉计划设定阀门的开关时间、频率和持续时间等参数
远程监控型无线阀门控制站	具有远程监控功能，用户可以通过手机应用、互联网等远程平台实时监控和管理阀门的状态和灌溉系统的运行情况

（4）主要选型参数

表5-20列出了无线阀门控制站的主要参数，包括通道数、通信协议、工作频率、传感器支持、电源类型、控制方式和防水等级等。通道数决定了控制站能管理的阀门数量，通信协议和工作频率，影响设备的兼容性和通信稳定性，而传感器支持使系统能够实现更智能化的控制。电源类型与设备的续航有关，防水等级则确保设备能够在各种环境下正常工作。

表5-20　阀控站主要选型参数及释义

参数	释义
通道数	阀控站能够同时控制的阀门数量。通道数越多，阀控站可以同时管理的阀门就越多。根据农田规模和灌溉系统布置通道数，以满足不同作物的需求
通信协议	控制站使用的无线通信协议，如Wi-Fi、Zigbee、LoRa、Bluetooth等。根据传输稳定性、覆盖范围和数据量需求，选择合适协议以确保系统兼容性
工作频率	影响通信稳定性和覆盖范围的频率，如2.4GHz和5GHz。高频率适合短距离，低频率适合长距离。根据周围环境选择合适频率，确保通信稳定性
电源类型	阀控站的供电方式，包括电池、太阳能、交流电等。根据安装环境选择电源类型，确保设备长期稳定运行
控制方式	阀控站的工作模式包括手动控制和自动控制。手动控制通过按钮或程序启动阀门，自动控制基于程序设定的时间自动开关阀门，确保系统高效运行
防水等级	防水等级影响防水性能和耐用性。根据使用环境选择防水等级，如IP65、IP67等，以确保设备在雨水、喷溅等环境下正常工作

5.3.2.4　脉冲阀

（1）工作原理

脉冲阀是一种用于控制水流或气流的电磁阀门，广泛应用于农业灌溉系统，特别是喷灌和滴灌系统中。其工作原理是通过电磁线圈的通电与断电，产生电磁力来控制阀芯的开启和关闭。控制系统发送脉冲信号，电磁线圈通电时，阀芯被吸引到开启位置，允许水流通过；断电时，弹簧将阀芯推回关闭位置，切断水流。脉冲阀能够快速响应，实现精确的水量控制，适用于精准灌溉和自动化灌溉系统，有助于节水和提高灌溉效率。

（2）装备构造

脉冲阀的构造包括阀体、阀盖、电磁线圈和进出水接口等核心部件。阀体部分通过螺栓固定，并与管道连接，用于控制流体的通过。电磁线圈位于阀盖上方，通过电信号控制阀门的开闭。该设计能够快速响应控制指令，实现流体的精准控制，常用于灌溉系统或其他需要流量调节的场合。脉冲阀结构如图5-22所示。

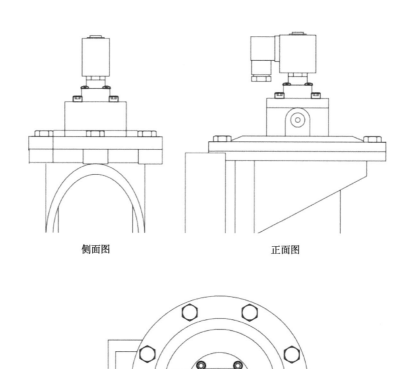

侧面图　　　　　　　　　　　　正面图

俯视图

图5-22　脉冲阀结构

（3）主要类型

表5-21介绍了几种不同类型的脉冲阀及其特点，每种类型适用于不同的灌溉需求。例如，电磁脉冲阀通过电磁线圈控制阀门，适合需要快速开关的精确灌溉场景；气动脉冲阀适用于高流量和高压力的灌溉系统；电动脉冲阀则可以实现精确调节和远程控制，适合复杂的自动化灌溉系统。此外，太阳能脉冲阀利用太阳能供电，适合偏远无电地区，而内置过滤器脉冲阀可以有效过滤水中的杂质，减少维护需求。

表5-21　脉冲阀主要类型及特点

类型	特点
电磁脉冲阀	通过电磁线圈通电和断电来控制阀芯的开闭。响应速度快，适用于需要快速开关的灌溉系统。广泛应用于喷灌和滴灌系统，适合精确控制水流量

（续表）

类型	特点
气动脉冲阀	利用气动控制系统操作阀门，通常在电磁阀基础上增加气动装置。适用于较大流量和较高压力的场合。用于需要更高控制力度的灌溉系统，或者环境要求使用气动设备的场合
电动脉冲阀	通过电动执行机构驱动阀芯开闭。可以实现精确调节和远程控制，适用于复杂的自动化灌溉系统。适用于需要精确控制和监测的高端灌溉系统，支持远程操作和智能化管理
机械脉冲阀	通过机械装置（如弹簧、杠杆等）来控制阀门开闭，通常不需要外部电源或气源。适用于不方便提供电力或气源的场合，适合简单的灌溉系统
太阳能脉冲阀	通过太阳能电池板提供电力，适用于缺乏电力供应的偏远地区。通常集成电磁或电动控制机制。适用于偏远农田和环境可持续发展的灌溉系统，利用太阳能实现自给自足
内置过滤器脉冲阀	在阀门内部集成过滤器，能够有效过滤水中的杂质，保护阀门和下游设备。适用于水质较差的灌溉系统，减少杂质对阀门的影响和维护需求

（4）主要选型参数

表5-22详细介绍了脉冲阀在灌溉系统中的主要参数，包括阀门尺寸、工作压力、流量、电压、功率等，这些参数决定了阀门在不同灌溉场景中的适用性和性能，确保系统的稳定和高效运行。

表5-22　脉冲阀主要选型参数及释义

参数	释义
尺寸	脉冲阀的直径大小，以毫米（mm）或英寸（in）为单位。根据灌溉需求选择阀门尺寸，确保水量适合管道规格，流量均匀分布
工作压力	脉冲阀正常工作的压力范围，以兆帕（MPa）或磅每平方英寸（psi）为单位。确定阀门能承受的最大和最小工作压力，以防压力过高或不足导致故障
流量	通过脉冲阀的最大流量，以立方米每小时（m^3/h）或升每分钟（L/min）为单位。根据灌溉规模设定流量参数，确保流量足够且均匀
电压	电磁线圈所需的工作电压，以伏特（V）为单位，如24 V、110 V、220 V等。选择与供电系统匹配的电压，以确保设备正常运转
功率	电磁线圈的功率消耗，以瓦特（W）为单位。根据系统的能源消耗和效率要求，选择适合的阀门类型

参数	释义
响应时间	脉冲阀从接收到脉冲信号到完全开启或关闭所需的时间，以毫秒（ms）为单位。根据控制精度选择适合的响应时间，确保系统的快速和精确控制
工作温度	脉冲阀正常工作的温度范围，通常以摄氏度（℃）为单位。确定在环境温度下能正常运行，以避免高温或低温影响性能
材质	阀门和阀体的制造材料，如不锈钢、黄铜、塑料等。影响阀门的耐腐蚀性、耐磨性和使用寿命
防护等级	脉冲阀的防尘防水等级，如IP65、IP67等。根据安装环境选择防护等级，确保阀门在各种条件下的适用性和耐久性
连接方式	脉冲阀与管道的连接形式，如螺纹连接、法兰连接、快插连接等。根据现场需求选择适合的连接方式，以提高安装便利性和密封性

参考文献

陈保青，等，2024. 非常规营养逆境必需假说及硅元素农业应用[M]. 北京：中国农业科学技术出版社.

黄季焜，解伟，盛誉，等，2022. 全球农业发展趋势及2050年中国农业发展展望[J]. 中国工程科学，24（1）：29-37.

贾昭炎，奚永兰，王莉，等，2021. 施用二氧化碳液态肥对青菜生长和品质的影响[J]. 江苏农业科学，49（24）：154-158.

金继运，等，2006. 高效土壤养分测试技术与装备[M]. 北京：中国农业出版社.

李书田，艾超，何萍，等，2022. 我国主要蔬菜的养分吸收和需求特征[J]. 中国蔬菜（1）：41-48.

刘建刚，褚庆全，王光耀，等，2013. 基于DSSAT模型的氮肥管理下华北地区冬小麦产量差的模拟[J]. 农业工程学报，29（23）：124-129.

汪海霞，袁云刚，徐敏，等，2017. 设施草莓增施CO_2气肥试验[J]. 果农之友（11）：1-2.

王遵亲，祝寿泉，俞仁培，等，1993. 中国盐渍土[M]. 北京：科学出版社.

吴月茹，王维真，王海兵，等，2011. 采用新电导率指标分析土壤盐分变化规律[J]. 土壤学报，48（4）：869-873.

郗金标，张福锁，田长彦，2006. 新疆盐生植物[M]. 北京：科学出版社.

于振文，2023. 作物栽培学各论（北方本）植物生产类专业用[M]. 北京：中国农业出版社.

张俊清，丁宏斌，2017. 温室增施二氧化碳气肥技术试验效果探析[J]. 当代农机（2）：12-13.

张西科，张福锁，李春俭，1996. 植物生长必需的微量营养元素：镍[J]. 土壤，28（4）：176-179.

朱建峰，崔振荣，吴春红，等，2018. 我国盐碱地绿化研究进展与展望[J]. 世界林业研究，31（4）：70-75.

Akyuz D E，Luo L，Hamilton D P，2014. Temporal and spatial trends in water quality of Lake Taihu，China：analysis from a north to mid-lake transect，1991-2011[J]. Environmental Monitoring and Assessment，186：3891-3904.

Jones C A, Kiniry J R, 1986. CERES-Maize: A simulation model of maize growth and development[M]. U. S: Texas A & M University Press.

Allen R G, Pereira L S, Raes D, et al., 1998. Crop evapotranspiration-Guidelines for computing crop water requirements-FAO Irrigation and drainage paper 56[J]. FAO, Rome, 300 (9): D05109.

Amakor X N, Jacobson A R, Cardon G E, et al., 2014. A comparison of salinity measurement methods based on soil saturated pastes[J]. Geoderma, 219: 32-39.

Azam-Ali S N, Squire G R, 2002. Principles of tropical agronomy[M]. Wallingford: CABI Publishing.

Bai Y, Gao J, 2021. Optimization of the nitrogen fertilizer schedule of maize under drip irrigation in Jilin, China, based on DSSAT and GA[J]. Agricultural Water Management, 244: 106555.

Banger K, Nafziger E D, Wang J, et al., 2018. Simulating nitrogen management impacts on maize production in the US Midwest[J]. PLoS One, 13 (10): e0201825.

Cahn M, Smith R, Melton F, 2023. Field evaluations of the CropManage decision support tool for improving irrigation and nutrient use of cool season vegetables in California[J]. Agricultural Water Management, 287: 108401.

Chen X, Cui Z, Fan M, et al., 2014. Producing more grain with lower environmental costs[J]. Nature, 514 (7523): 486-489.

Chen X, Qi Z, Gui D, et al., 2020. Evaluation of a new irrigation decision support system in improving cotton yield and water productivity in an arid climate[J]. Agricultural Water Management, 234: 106139.

Ding J, Hu W, Wu J, et al., 2020. Simulating the effects of conventional versus conservation tillage on soil water, nitrogen dynamics, and yield of winter wheat with RZWQM2[J]. Agricultural Water Management, 230: 105956.

Elia A, Conversa G, 2015. A decision support system (GesCoN) for managing fertigation in open field vegetable crops. Part I—methodological approach and description of the software[J]. Frontiers in Plant Science, 6: 319.

Evenson R E, Gollin D, 2003. Assessing the impact of the Green Revolution, 1960 to 2000[J]. Science, 300 (5620): 758-762.

Feddes R A, Kowalik P J, Zaradny H, 1978. Simulation of field water use and crop yield[M]. New York: John Wiley & Sons.

Fghire R, Wahbi S, Anaya F, et al., 2015. Response of quinoa to different water management strategies: field experiments and SALTMED model application results[J]. Irrigation and Drainage, 64 (1): 29-40.

Gallardo M, Peña-Fleitas M T, Giménez C, et al., 2023. Adaptation of VegSyst-DSS for macronutrient recommendations of fertigated, soil-grown, greenhouse vegetable crops[J]. Agricultural Water Management, 278: 107973.

Gallardo M, Thompson R B, Giménez C, et al., 2014. Prototype decision support system based on the VegSyst simulation model to calculate crop N and water requirements for tomato under plastic cover[J]. Irrigation Science, 32: 237−253.

Giménez C, Gallardo M, Martínez-Gaitán C, et al., 2013. VegSyst, a simulation model of daily crop growth, nitrogen uptake and evapotranspiration for pepper crops for use in an on-farm decision support system[J]. Irrigation Science, 31: 465−477.

Grung M, Lin Y, Zhang H, et al., 2015. Pesticide levels and environmental risk in aquatic environments in China-A review[J]. Environment International, 81: 87−97.

Guo J H, Liu X J, Zhang Y, et al., 2010. Significant acidification in major Chinese croplands[J]. Science, 327（5968）: 1008−1010.

Harithalekshmi V, Ajithkumar B, Davis L, et al., 2023. Yield gap analysis and optimization of nitrogen management practices towards closing the yield gap of rice: A DSSAT-CERES modelling approach[J]. Journal of Agricultural Physics, 23（2）: 255−263.

Hoekstra A Y, Mekonnen M M, 2012. The water footprint of humanity[J]. Proceedings of the National Academy of Sciences, 109（9）: 3232−3237.

Hopmans J W, Qureshi A S, Kisekka I, et al., 2021. Critical knowledge gaps and research priorities in global soil salinity[J]. Advances in Agronomy, 169: 1−191.

Jones J W, Hoogenboom G, Porter C H, et al., 2003. The DSSAT cropping system model[J]. European Journal of Agronomy, 18（3−4）: 235−265.

Kimball B A, 1983. Carbon dioxide and agricultural yield: An assemblage and analysis of 430 prior observations 1[J]. Agronomy Journal, 75（5）: 779−788.

Malik W, Isla R, Dechmi F, 2019. DSSAT-CERES-maize modelling to improve irrigation and nitrogen management practices under Mediterranean conditions[J]. Agricultural Water Management, 213: 298−308.

Malik W, Jiménez-Aguirre M T, Dechmi F, 2020. Coupled DSSAT-SWAT models to reduce off-site N pollution in Mediterranean irrigated watershed[J]. Science of the Total Environment, 745: 141000.

Ma X, Liu S, Li Y, et al., 2015. Effectiveness of gaseous CO_2 fertilizer application in China's greenhouses between 1982 and 2010[J]. Journal of CO_2 Utilization, 11: 63−66.

Matson P A, Parton W J, Power A G, et al., 1997. Agricultural intensification and ecosystem properties[J]. Science, 277（5325）: 504−509.

McCown R L, Hammer G L, Hargreaves J N G, et al., 1995. APSIM: an agricultural production system simulation model for operational research[J]. Mathematics and

Computers in Simulation, 39（3-4）：225-231.

Näsholm T，Kielland K，Ganeteg U，2009. Uptake of organic nitrogen by plants[J]. New Phytologist, 182（1）：31-48.

Pingali P L，2012. Green revolution: impacts, limits, and the path ahead[J]. Proceedings of the National Academy of Sciences, 109（31）：12302-12308.

Rhoades J D，1996. Salinity: Electrical conductivity and total dissolved solids[J]. Methods of Soil Analysis: Part 3 Chemical Methods, 5: 417-435.

Seufert V，Ramankutty N，Foley J A，2012. Comparing the yields of organic and conventional agriculture[J]. Nature, 485（7397）：229-232.

Sonneveld C，1990. Estimating quantities of water-soluble nutrients in soils using a specific 1 : 2 by volume extract[J]. Communications in Soil Science and Plant Analysis, 21（13-16）：1257-1265.

Swaminathan M S，2006. An evergreen revolution[J]. Crop Science, 46（5）：2293-2303.

Tilman D，Balzer C，Hill J，et al.，2011. Global food demand and the sustainable intensification of agriculture[J]. Proceedings of the National Academy of Sciences, 108（50）：20260-20264.

Tilman D，Cassman K G，Matson P A，et al.，2002. Agricultural sustainability and intensive production practices[J]. Nature, 418（6898），671-677.

Van Genuchten M T，1980. A closed - form equation for predicting the hydraulic conductivity of unsaturated soils[J]. Soil Science Society of America Journal, 44（5）：892-898.